中国园林精粹

孟兆祯 著

北京出版集团
北京出版社

本书得到

北京林业大学建设风景园林学世界一流学科和特色发展引导专项（2022XKJS0202）资助

孟兆祯，中国工程院院士，北京林业大学教授、博士生导师，中国风景园林学界一代宗师。无论是在教书育人、学术研究，还是规划设计领域均取得重要成就。全面精辟地对明代名著《园冶》进行了系统的整理和剖析，在继承中国传统园林理论方面有独到的见解与发展。代表性专著：《园衍》；代表性风景园林设计作品：深圳市仙湖风景植物园总体规划与设计。

目录

芙蓉榭

沧浪亭观鱼处

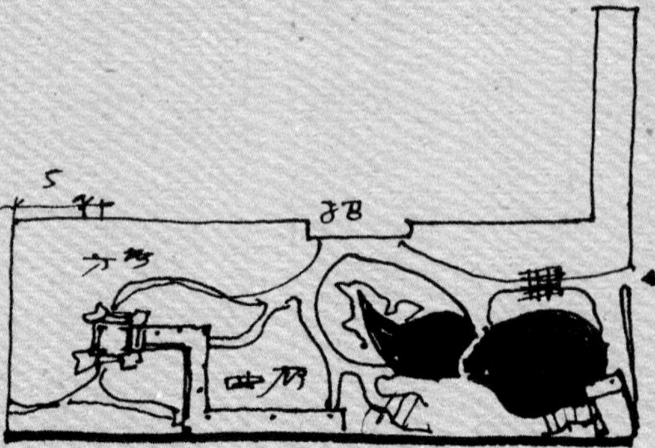

旱船

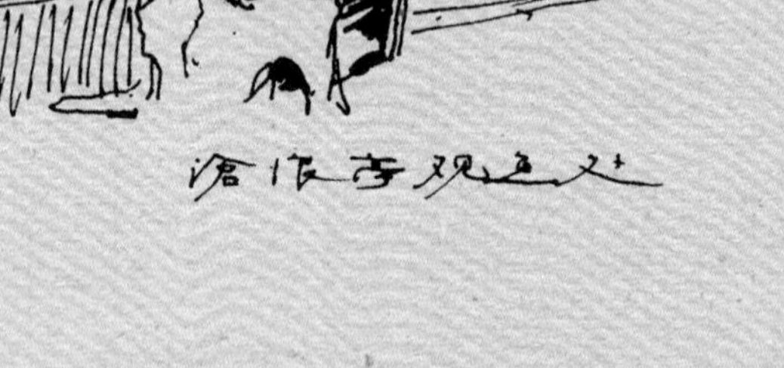

丽江黑龙潭
三言亭

自序

1952年我幸运地考上了北京农业大学园艺系造园专业，成为这门学科一年级的新生。当年名为造园专业，而今称为风景园林规划与设计的学科，是北京农业大学园艺系的汪菊渊先生和清华大学营建系的梁思成先生与吴良镛先生共同策划、建议，经教育部批准后创办的。中国风景园林有数千年悠久的历史和独特优秀的传统，但作为学科则迟至新中国成立后的1951年才设立。这样我就成为第一届从一年级开始学习的新生。启蒙老师就是汪菊渊先生，他给我们上了中国园林史、西方园林史、城市及居民区绿化和设计等主要专业课程。其后，他又从杭州请来了孙筱祥先生为我们开设园林艺术和公园花园设计课程，清华大学金承藻先生教我们画法几何和制图，从沈阳农学院请来的宗维城先生和中央美术学院的文金扬先生教我们美术课，陈有民先生教观赏树木学，俞静淑先生教花卉学和苗圃学，章守恒先生教园林建筑学，营造学是清华大学的赵正之先生开设的，园林工程由梁永基、陈兆玲先生执教。我自报的师门说明学科交叉性很强，创始阶段都是由交叉学科的老师任教。我们1952级才七位学生，享受这样的师资条件真是三生有幸。这一切为学科知识打下了全面而扎实的基础，我对老师是感激不尽的。

毕业后我留校当助教并随专业调整到当时的北京林学院。从汪振儒先生的学术报告里我知晓学科研究首先要打好基础，得知需要研读古代造园名著如《长物志》《园冶》《闲情偶寄》等，我便登门求教，请汪雪楣、王蔚柏、张均成三位先生给我讲了三次《园冶》，这才感到有点眉目。我又问老先生，园林最难学的是什么，答曰假山。我便学习传统假山理法、考察假山园、向“山子张”等山石师傅学习假山工程。没钱买山石，便到处捡砂姜，甚至到锅炉房捡与湖石相近的煤渣，到处买上水石和收集小石头借以学习和研究。为了“外师造化”而踏察了三山五岳等风景名胜，从实际中进一步积累活知识。20世纪60年代初，北京成立园林学会，我撰写了第一篇论文《山石小品初探》。以实例论证“片山有致，寸石生情”，还特请我的老师孙筱祥先生为我题了论题。由我自己画的图和刻蜡纸油印，可惜现在我已不存此文。这是研究工作之始，我从此走上教学结合科研之路。我爱好的是自然山水风景名胜和文人写意自然山水园，尝试着逐渐认识、逐渐熟悉、逐渐深入，最后企图找出点什么传统理论来。那时只是朦胧之想，但方向已然确定了。

我从小就精力旺盛，无以排遣，上学前到处游逛，到重庆山城小镇茶馆里听人评理、解怨媾和，看老人喝茶抽叶子烟自得其乐的神态，欣赏豆浆油条店开张写的“开堂”的木牌子。晚上去听书，发觉真有趣，语言生动、表情丰富，简直是独角戏。然后就是模仿，天天写毛笔字“开堂”的颜体，放声学唱听到的京剧，用草纸卷起来学大人抽烟，追狗抓虫无所不为，归根结底就是寻找“日涉成趣，永钻不透”的志趣。我逐渐认识到我国的山河太美了，中国人的艺术太美了，它能使我不尽欣赏，学之终身也学不完。我太爱中国了，因生在中国而感到幸福。尽管儿时的家庭环境并不怎么好，但学文化并不一定都要花钱。这是我学习和研究中国传统风景园林的根源。

积累了数千年的文化谁能识其全，投以毕生精力也不能尽得，而这正是我追求的。京剧、书法、篆刻、烹调、中医、方言，我所喜欢的只能归结为中国文化。中国文化有个总纲，这也是中国人的宇宙观——“天人合一”，现在看来是符合科学发展观的。自然性和社会性兼于人，看宇宙的立脚点都是基于此。人不过是自然之中的一员，又是唯一能创造社会和精神财富的一员，自然属性不以人的意志为转移。中国人尊重自然，文字创造反映出“一人为大，一大为天”。自然是最大的，我们臣服并与之协调以求“人与天调，天人共荣”。从美学看，管子所言“人与天调然后天下之美生”，极是。所以美学家李泽厚先生从美学总结中国风景园林的特色为“人的自然化和自然的人化”。

知晓我是怎么一个人，爱追求什么，便会理解我如何发展而来和为什么要如此写论文。我要感谢生养我的父母、传道授业的老师和致力我文集的一切朋友。诚望大家批评指正。

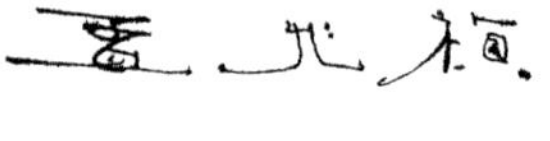

1. 中国园林艺术

一、中国古代的园林艺术

我国约在公元前 11 世纪末的殷代，开始出现了园林艺术的萌芽。《史记·殷本纪》有关于纣王兴建“沙丘”和“苑台”，并把野兽和鸟类圈养其中以为游乐的记载。

约在公元前 11 世纪，周文王建了“灵囿”，以重演早期社会的渔猎生活，作为游乐的内容。其中掘地为沼，筑土为台，称为“灵沼”“灵台”（图 1），于灵沼中养鱼以观赏鱼跃。划地圈围，在圈定的林地中养鹿供游赏和围猎，同时也养殖野生动物供宰杀和祭神，并种植树木、果树、蔬菜等供享用。当时种菜的称为“圃”，养动物的称为“囿”，种植果木的称为“园”。

1
西周灵囿、灵台、灵沼想象图
（图片引自佟裕哲、刘晖《中国地景文化史纲图说》）

为了便于管理，在园外又圈墙以划清范围。甲骨文中的囿、圃、园三字，它们字形中所共用的包围结构，反映了当时有围栅或围墙范围，只是圈里的内容不一样。甲骨文中的“艺”字则是人种树木的形象写照。

这些便是古代园林较早的形式。其特征是圈地为囿，以利用自然地形和植被的景观为主。在囿的中心活动区进行人为的地形改造，使之具有高低俯仰的不同变化。活动内容则是游与猎结为一体。

中国园林发展到秦汉，便由以自然环境为主体的“囿”转向追求人工美的以宫室建筑为主的宫苑。秦始皇统一中国以后，兴建了规模宏大的“上林苑”，并在苑中建造了阿房宫。

宫内殿屋密布，各抱地势。《阿房宫赋》对此做了生动的描述。秦始皇还引渭水做长池，并在长池中筑蓬莱山以象征神山仙境。汉武帝又因袭秦制，在建章宫太液池中堆筑了蓬莱、方丈、瀛洲三座仙山（图 **2**）。这便奠定了我国园林“一池三山”制的基础。西汉时还有构石为山、兴造私园的活动。东汉的梁冀在私园中“聚土为山以象二崤”，二崤即东崤、西崤，是当时的名山。

秦汉宫苑较之周代之囿有了很大的发展。不仅内容丰富，而且建宫于苑，形成苑中有院，院中有宫的结构。在自然山水

2
西汉建章宫苑复原示意图
（图片引自汪菊渊《中国古代园林史》）

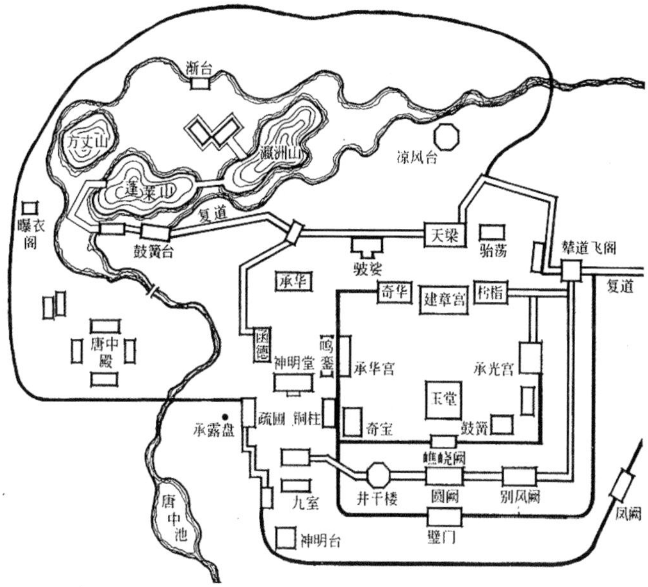

文杏館
輞口莊
孟城坳

臨湖亭
欹湖
南垞
鹿柴
柳浪

漆園
辛夷塢

3

北宋郭忠恕摹

《王摩诘辋川图》

（台北故宫博物院藏）

的宏观中，突出地布置了庞大的建筑群。建筑比重增加了，人工美成为宫苑的主体。就人造山水这种创作而言，基本属于现实主义的创作方法。当时连建造尺度上都力求模仿真山。晋代葛洪归结其造山特征为“起土山以准嵩霍”，嵩山、霍山均为自然名山。秦汉园林虽也出现景题和意境塑造的苗头，但在当时尚未形成完整的概念。

魏晋南北朝是中国园林发展中的转折点。佛教传入我国后，出现了寺庙园林。老庄哲学的流行，又促进了游赏自然风景活动的发展。于是，园林又转向崇尚自然。如北魏张伦造的景阳山有若自然，其中重岩复岭、深溪洞壑、高木巨树、悬葛垂萝，多有山林风烟出入的野趣。但是，园林接受上述影响并充分发挥，是在唐宋时期。

唐宋园林继而达到成熟的阶段。创作者往往既是诗人，又是画家和造园家。唐代的王维就是最具有代表性的人物，他所创建的“辋川别业”（图3）也就成为这一时期的代表作。他在长安东南蓝田县山中兴建的这所山庄，充分利用自然山水和植被条件，使园林充满诗情画意。（图4）此外，李德裕的“平泉庄”以怪石名品出众，白居易在庐山建草堂（图5）。这些无不给中国园林以重要的影响。宋徽宗在汴京（今河南开封）兴建的“寿山艮岳”（图6），无论从规模、石品还是整个园林艺术

4

4

唐代王维辋川别业想象图

（图片引自汪菊渊《中国古代园林史》）

5

唐代白居易庐山草堂想象图

（图片引自汪菊渊《中国古代园林史》）

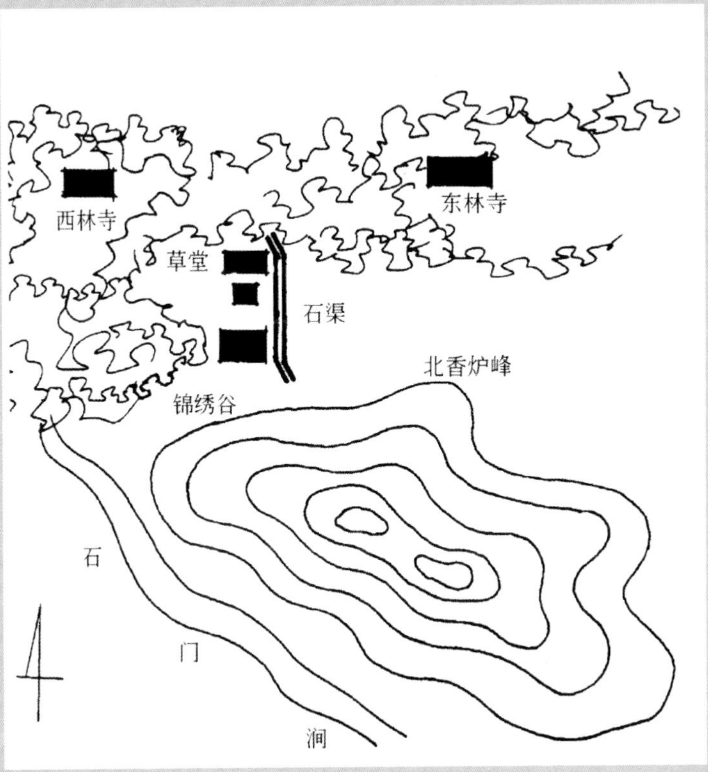

5

的水平看，都达到了自然山水园的高潮。主持工程的梁师成评其为“括天下之美，藏古今之胜”。其园林的艺术感染力，令人若置身于重山大壑、幽谷深岩之底，而忘记自己是在京城空旷平坦的土地上。(图 7) 其后宫苑多有仿宋代“艮岳”的做法，如金代兴建的琼华岛（今北京北海白塔山）就是接受了“艮岳”的影响而建造的。

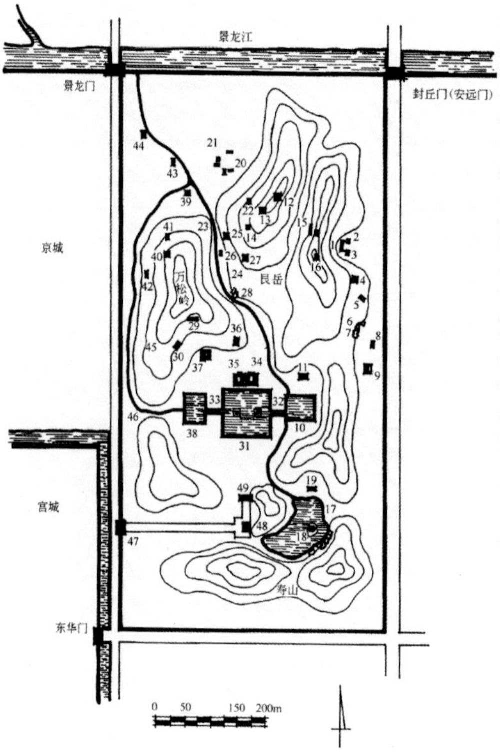

1. 萼绿华堂
2. 承岚
3. 昆云
4. 书馆
5. 八仙馆
6. 紫石崖
7. 栖真
8. 览秀轩
9. 龙吟堂
10. 砚池
11. 挥云厅
12. 介亭
13. 丽云
14. 半山
15. 校目
16. 萧森
17. 雁池
18. 噰噰
19. 绛霄楼
20. 药寮
21. 西庄
22. 巢云
23. 白龙渊
24. 濯云峡
25. 蟠秀
26. 练光
27. 跨云
28. 罗汉岩
29. 倚翠楼
30. 上下关
31. 大方沼
32. 芦渚
33. 梅渚
34. 流碧
35. 环山
36. 巢凤阁
37. 三香堂
38. 凤池
39. 漱玉轩
40. 炼丹
41. 凝真观
42. 圃山亭
43. 高阳酒肆
44. 清阁
45. 山庄
46. 回溪
47. 宫门
48. 神运峰
49. 天门

6
北宋艮岳平面复原示意图
（图片引自汪菊渊《中国古代园林史》）

7
北宋艮岳复原示意图
（李楚杨／绘）

园林成熟阶段的标志，在于先有“意”和“景”的塑造意图并见诸图纸，而后照图施工。凡园林都首先着眼于山水骨架的利用和改造，从以自然为模本转向以自然为师。以山水为主体，在山水间穿插建筑并掩映以树木花草。将诗、画写入园林，以人工美注入自然。假山在宋代也形成了专门的技艺。由于园主多是文人墨客，园景借文而传。明清园林又把中国园林推向精深的阶段。无论江南的私家园林还是北方的帝王宫苑，都达到了高峰。明代计成所著《园冶》成为承前启后的园林艺术专著。明清园林艺术主流的代表人物是计成、张涟、李渔和戈裕良等哲匠。他们大多能诗会画，又能主持造园设计和施工。他们共同的艺术观点是崇尚自然，反对矫揉造作；寓情于景，以自然美抒发人品美，注重园林的整体性和综合效果，善于从自然风景中汲取典型素材加以提炼。

晚清以来，传统园林艺术停滞不前，有些古典园林还受到严重破坏，同时也出现一些不中不西的洋房花园。公园开始大量出现，园林的内容又有所发展。

新中国成立后，由于党和人民政府的重视，风景区和园林得到恢复和发展。新中国成立初期着手研究古典园林的传统，不久又受来自苏联的欧洲园林的影响，在园林中出现了不少自然山水式和整型式的布局综合运用的形式。近年来恢复了对古典园林传统的继承和创新的研究，出现了不少新型的园林，杭州园林、广州园林、上海园林、桂林风景区和北京园林都出现了不少新作品。特别是动物园、植物园、儿童公园的大力兴建，推动了园林事业的发展。随着人民生活水平的提高和旅游事业的发展，在承继传统和吸取国外先进经验的基础上，还会促进我国园林艺术的新发展。

二、中国园林艺术的特色

中国园林在长期艺术实践中，从无到有，不断地继承和发展，并且还吸取了一些外来的艺术营养化为己用，逐步形成了独特、优秀的民族传统形式——中国写意自然山水园。这种民族传统既经形成，则成为区别于其他民族和国家的标准。大凡一所园林，一经游览便可鉴别是否具有中国园林的神韵。这种印象来自感性，却归之于理性。

诚然，园林的民族传统仍处在不断发展中。但数千年发展的历史，说明发展只会进一步地丰富传统，可以说“万变不离其宗”。试看唐、宋、元、明、清的园林，的确是各有其时代特征的，但是更甚于这些时代特征的，便是贯穿其间的共性——园林艺术的统一民族传统。

（一）虽由人作，宛自天开

这是《园冶》中的一句名言，它反映了中国园林总的艺术特色和评价标准。全世界的园林都无非是处理人和自然之间的矛盾统一。只不过中国人在处理这个矛盾时，特别强调在景观方面突出自然山水之美，虽经人为加工却很少留下人工的痕迹，更不容许因人为的兴建活动而破坏了自然美，而提倡“须陈风月清音，休犯山林罪过”。

这并不是单纯为了节省人力和财力。它强烈地反映了中国人对于园林艺术创作的认识。其中关键在这个“宛”字。它并不是纯自然主义，也不是越自然越好，而是在师法自然的基础上加工成为写意的、具有浪漫色彩的园林艺术品。以人工创造自然景物，又以这些自然景物反映人的理想和人品美。这种“以园寓教”“托景言志”的做法也是受“诗言志”和“托物言志”的民族文学艺术的影响的反映。而“宛”字所包含的似真非真的含义，则又是传统山水画理所强调的“贵在似与不似之间”的同义语了。

就大家所熟悉的颐和园而论，万寿山、昆明湖和后湖的风景究竟是真的还是假的呢？应该说是有真有假。颐和园有一定的自然山水基础，但其自然状态原来并不是很完美的。

万寿山是西山的一脉余岭，它是真山，但山形却比较平滞、呆板。用中国山水画理来分析，它具有一定的高远和平远的变化，而缺少深远的变化。高远指由下向上仰望，平远指由近到远水平方向的伸展，深远则指从山前窥山后的层次变化。万寿山有西山做远屏，远景的层次是富于变化的。（图 **8**）

现在的昆明湖原来只是偏向万寿山西南的一个南北狭长的湖泊，湖面不大，水也不深。现在位于湖中的龙王庙，当初便是湖的东岸。原来是山大水小，比例很不相称。但它是一块造园的良址，是可供加工提高的好素材。

1750 年，乾隆皇帝决定在此兴建清漪园。当时将湖泊向东推展至目前的位置，并筑东堤以蓄水。龙王庙那块地则保留作为湖心岛。又按“疏源之去由，察水之来历”的传统理水

8
颐和园万寿山与佛香阁
（朱强／摄）

法，在元代郭守敬兴修水利的原有基础上，导玉泉山水入昆明湖。湖面向南逐渐收缩和转折，使水面莫知尽处。南面又接通长河，以供从西直门乘船由水路进入颐和园。

昆明湖还仿西湖名景筑西堤，安六桥以象征苏堤。湖中除保留龙王庙外，又点缀了治镜阁、藻鉴堂、知春亭、凤凰墩诸岛，基本上形成山环湖、湖环岛、长堤纵走、湖分里外的西湖山水景观的间架，却又有所创新，使山水相映，相得益彰。（图 9）

相当于孤山位置的万寿山，鉴于为皇太后祝寿等功能的需要，建佛香阁于山腰。阁楼高耸若中峰突起，更加强调了高远的变化。其余建筑循轴线层层布置，大大地丰富了山景的层次，从而弥补了山形深远之不足。中轴线东西的建筑，则逐渐脱离轴线控制，依山相安，发挥山情水趣。

9

颐和园前山既已形成宏伟壮观、金碧辉煌的风景，后山则以宁静、幽深为调剂。为了沟通水系，增加曲折多变的山水景色和屏障，使人到北界园墙尽处而不知其尽，又按“山因水活”的画理开辟了一条后溪河，亦即目前称呼的后湖。挖湖所取之土就近于北面堆成东西向的人工土山。假山和万寿山北麓便形成两山对峙、山溪中贯的线状水体（图 **10**）。

10

这条后溪河在两山对峙紧锁处收缩如瓶口，并掇石成峭壁相夹峙。在“桃花沟”和“寅辉”城楼西的山沟、万寿山北坡排泄山洪的谷口，又扩展成喇叭形的大湖面。整个后湖极尽直曲、广狭、塞通之变化，令人感受到“山重水复疑无路，柳暗花明又一村”的田园诗境。经过人工改造，形成深邃、幽婉的景区，既避开了万寿山南北向进深过浅之短，又发挥了东西向修长的自然地形条件，加以夹岸又种植了富于姿态变化的油松

9
从颐和园佛香阁俯瞰全园
（吴晓平 / 摄）
10
颐和园后溪河曲折水道
（李飞 / 摄）

和其他乡土树种，共同组成富于节奏变化的天际线。当游人泛舟其中或立于北宫门桥扶栏西望时，安知两岸之山谁真谁假？

后湖东端的谐趣园凭借地势低下之利，凿石成涧，导后湖水成溪涧顺流而下，形成“玉琴峡”。由于把进水闸隐于桥下，石涧又几经回折而隐其源，使涧水若自山泉引出一般，令人难以分辨真假（图11）。

万寿山前山偏西的“画中游”，倚岩起亭，亭之底层与自然岩洞相嵌合，两旁爬山廊设磴道曲折而上。廊柱因山石突兀跌宕而用不同柱高，高低参差而又与地形十分吻合。及至上到相当于楼层的高度，廊尽而穿谷登楼。楼口又不和岩石路面直接搭连，而是于岩、楼间稍有石罅相隔，令人产生山野的险意，却又无妨于游览交通。“画中游”后半部则以回廊环抱倾斜的石岗，在真石岗坡上又人工置以大块的散点山石。凡此种种都是以人工美服从于自然美，融人工美于自然美，使之成为协调的整体的做法。这和意大利台地园的做

11
谐趣园的“玉琴峡”
（李飞／摄）

法显然有着明显的差异。

经过这一番人为的艺术加工，既兴造了供人游憩的园林建筑，又丰富了自然的地形地貌。从外向内看这组建筑，俨然与山一体。游览其中，俯览远山近水，则有若“画中游”也！

以上都是“虽由人作，宛自天开”的佳例。这些园林达到了“有真为假，做假成真”的艺术效果，它们体现了中国园林“外师造化，中得心源”的创作方法。

（二）寓情于景，情景交融

“宛自天开”的另一含义在于自然素材经过人为的艺术加工以后，就不再是一般的自然景物，而是包含有创作者情感的艺术美了。中国园林着重表现山水、岩石、树木花草的自然外貌，绝不可理解为纯任自然。中国园林在强调自然外貌的同时，还刻意追求风景的意境，运用园林景物布置来表达人们的志向和感情。文学以诗言志，绘画以画绘诗，园林则把诗情画意写入园林，使园景外具自然风貌，内含深远的意境。以情驭景，以形传神，以达到赏心悦目的艺术效果。人品化的园景比朴素的自然景物更为理想，更能激发人们的游兴，而且耐人寻味。

中国人民崇尚山水，用“江山”“山河”象征国家与社稷。北京西山卧佛寺山上的樱桃沟，在溪水源头有“志在山水”的石刻。也许有人认为这种志向太小了，甚至可能误解为游山玩水以致玩物丧志。殊不知玩可丧志，托物也可言志。关键在人不在物。

其实把志向喻为山水是极有见识的，它反映了中国传统对于山水的认知。《论语》中有孔子的一段话：“智者乐水，仁者乐山。智者动，仁者静。智者乐，仁者寿。”为什么说仁者比德于山呢？因为山的形象高大，可供草木生长和鸟类繁殖。山还上通天，下通地，促成雨露供万物生长，百姓仰以为食。因此，才有“仁者乐山”之说。水的含义也被人格化了。认为水所到之处才有生命生长，似仁；由高处向下流，似义；虽奔流下跌至深谷而不犹豫，似勇；中国水道百转千回必向东归海，似志。总之，认为水具有智者所具备的一切美好性格。这些反映在哲学思想方面的艺术观，对中国古典园林产生了极大影响。中国古代最清高的音乐是山水音。伯牙和子期结为“知音”的典故说的也是“高山流水”。直到现代，仍以山象征崇高的境界，用攀高峰来激发人们向上的精神，可见其影响之深。

中国园林很讲究置石和掇山，但并不把山石看成单纯的材料，而是主张做到“片山有致，寸石生情”。因此，有古人与石为伍，以石为友，更有称山石为“兄”和“丈人”的。苏州的五峰园以五块石峰象征“五老”（图12）；怡园琴室外面以石竖置，从选的石形看，仿佛听琴人俯首恭听的形象，恰与琴室相合（图13）；扬州个园还有用叠石和假山表现四季的作品，称为四季假山。

12

13

对于园林植物的欣赏，则讲究“花木情缘易逗”。用“红衣新浴，碧玉轻敲”来比喻荷花的形象，用“出淤泥而不染”比喻荷花的性格，枫林秋色被喻为“醉颜丹枫”。其他比如“玩芝兰则爱德行，睹松竹则思贞操，临清流则贵廉洁，览蔓草则贱贪秽”（康熙《避暑山庄记》），则是传统文学之“比兴”、绘画之“画题”与园林之间千丝万缕、一脉相承的艺术共性的反映。

中国古典园林大致可分为皇家宫苑、私家宅园、寺庙园林和祠堂、会馆园林等类型。由于园主在社会里所处的政治地位和经济地位不同，各人的志向和情趣也不一样。

12
苏州五峰园
（王欣／摄）
13
怡园听琴石
（边谦／摄）

封建帝王是最高的统治者，具有“普天之下莫非王土”的

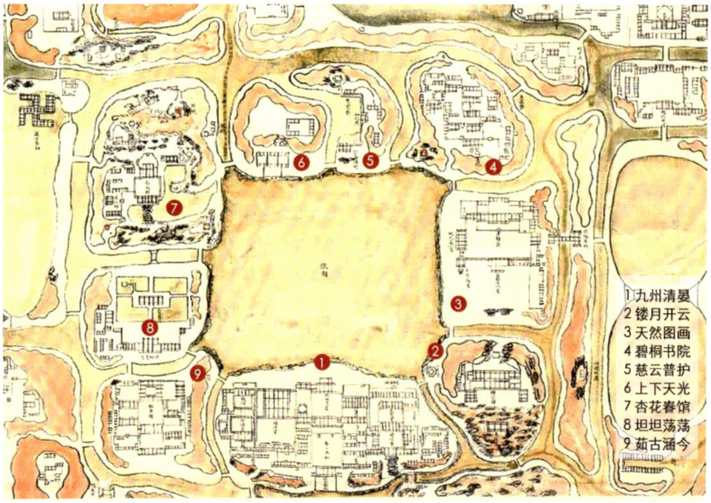

14
圆明园地盘图中的“九州清晏”（图片改绘自北京故宫博物院藏5462号样式房图档）

占有欲和长生不老的奢想；为了安国安民，他们必然要宣扬“静含太古”、“俯察庶类”和“扇以仁风”的思想。因此，在圆明园就安置了“九州清晏”景区，以表达愿天下太平的志愿（图 **14**）。几乎每所宫苑，都以“一池三山”象征仙境和具有仙草的“药洲”。北海后山的“仙人承露”的铜铸像也意味着饮仙露而得长生（图 **15**）。据说太古的帝王求贤若渴，甚至有“禅让”的美德，所以在承德避暑山庄原有“静含太古山房”的景点。颐和园乐寿堂西侧有个扇面殿叫“扬仁风”（图 **16**），北海琼华岛后山于轴线上也安了一个扇面亭叫“延南薰”（图 **17**）。二者所寓都是宣扬“爱民”之情。传说舜帝弹五弦琴以歌南风，歌词唱道：“南风之薰兮，可以解吾民之愠兮。南风之时

15

16

15
仙人承露
（孟兆祯／摄）
16
颐和园“扬仁风”
（李飞／摄）

17
北海“延南薰”
（图片引自北海景山公园管理处《北海景山公园志》）

兮，可以阜吾民之财兮。”其大意即解除人民的病痛，增加人民的财产。但是，皇家所设之制和所寓之情，不容许他人仿帝制设景，否则将以欺君叛国定罪。北京恭王府的旧园主和珅，就是因为园中有象征蓬莱岛的景和仿皇宫乐寿堂的建筑而被治罪的。

与皇室情感相反的是一些怀才不遇、落第还乡或告老还乡的文人墨客或下野官僚。他们有志难遂，因而对现实不满，有悲观遁世的消极情绪，于是便造园自娱，寄情山水，甚至以耕隐、渔隐避开社会现实。在江南私家园林中，这种思想感情反映得比较普遍。例如苏州拙政园旧主王献臣因受降职处分，失意还乡，便借用晋代潘岳《闲居赋》中所说：“庶浮云之志，筑室种树，逍遥自得。池沼足以渔钓，舂税足以代耕。灌园鬻蔬，以供朝夕之膳；牧羊酤酪，以俟伏腊之费。孝乎惟孝，友于兄弟，此亦拙者之为政也。”所以定园名为“拙政园”，所抒发的当是与世无争、洁身自好的清高思想。此园西部邻园有扇形亭傍水，同样取扇形而寓意与皇家园林截然相反。此亭名叫“与谁同坐轩”，其答案应为“清风、明月、我”，足见孤芳自赏之意。（图 **18**）

京都的王府宅园，虽同属私家园林，但园主大多为在朝的皇亲国戚，思想感情雷同皇室而又不敢超越规矩。

至于一些寺庙园林，则又必然是宣扬佛家、道家的世界

18
拙政园“与谁同坐轩”
（孟凡玉／摄）

观和离尘脱俗的思想感情。北京万寿寺中布置的假山和三大殿相结合，掇石为三山以奉西方三大士，而这三座山又用以象征佛教三大圣地普陀山、清凉山和峨眉山。同样，北京碧云寺的“水泉院”也是和小龙王庙结合在一起处理的。

扬州小盘谷的园主想发财，就用山石造成聚宝盆状，这就未免太俗。所以，情因主异，意分雅俗。我们继承传统还必须吸取精华，剔除糟粕，根据时代的精神立意寓情，发展传统。

（三）日涉成趣，移步换景

任何艺术都以耐人寻味为好。书法要耐看，歌曲要耐听，园林也必须耐人游赏。城市中建园林的优越性在于就近建园，随时可游。但也有另一方面的弊病，即常游容易生厌。游腻了，兴致败了，就不想再游了。

中国园林家深谙游赏的心理，运心不尽地琢磨如何在有限的园林空间里，化不利条件为有利条件，不断地、持久地激发游人的游兴，使之不败不衰，令人玩味无穷，来一趟有一趟的收获。这是“日涉成趣”的要求。而要满足这项要求就必须使景物丰富，性格多样，使之具有“移步换景”的特色。园林虽远不如自然景物那样宏大多变，但艺术美的关键绝不在形体的大小，这和“室雅何须大，花香不在多”的道理相通。

苏州有一所小型的山水园叫“残粒园”，占地面积仅约140平方米。它依山环水，山亭高矗，洞穴潜藏，树木掩映，藤蔓绕壁。既得高下之形势，又具层次之深远。藏不尽之景色，寓不尽之诗情画意。园主在入园门洞内侧设额题“锦窠”。“锦”瑰丽多彩，“窠”有谓篆刻、区划之意，即点出于方寸之内做山水布局的特色，足见小中见大，精微至极。如无“移步换景”效果，哪得这般风韵？

又如苏州留园“揖峰轩”一组庭院，面阔十余米，进深仅约二十米。方圆不过二百多平方米，却以廊抱院，运用建筑从不同视线方向分隔出好几个层次，再于庭中、小天井中置石种花。缘廊入游，步移景异。同一景物以不同的视点演进而构成数十幅不同的画面。（图19）

再如苏州环秀山庄的假山，在占地面积仅一亩多的地面上凿池掇山。引水环山，且贯山以幽谷深涧。并运用立体交叉的手法，组合成形式多样的山水单元，使假山的游览路线延长到七十余米。沿途跨水、临壁、走岩下栈道、入洞府、越幽涧、经石室、登盘道、穿飞梁。由于对视距控制很严密，使得仅比平常水位高出五六米的假山能给人以身临百仞峭壁之感。峰回

19

20

19
留园揖峰轩
（边谦／摄）
20
环秀山庄假山
（王欣／摄）

路转，山水奇景层出不穷。这些名园都是“日涉成趣”的极品，它们可以充分反映中国园林之特色。（图 20）

（四）博采百艺，融会一体

中国园林的另一重要特色，是强调园林艺术的整体性和综合性，包括自然美、社会美和艺术美。

园林就其组成因素而言，包括地形地貌、园林建筑、园路、场地、园林植物和某些适合于园林环境中饲养的动物。要创造一个综合的、具有自然美的生态环境，同时把便于人们活动的一些设施有机地融会其中，使之成为一个整体。

这里值得着重提一下的是动物这个因素。它往往被忽略而排除于园林组成因素以外。一般园林中饲养动物不同于动物园大量展览动物。它不是为了开展科普或科研，而是为了在一定程度上保持园林环境的生态平衡，并体现大自然的风韵。《园冶》所谓“养鹿堪游，种鱼可捕”，并不是把鹿圈起来生产鹿茸，也不是为了单纯捕鱼为食，而是把动物自由地放养在园林

21
“花港观鱼”
（楼建勇 / 摄）

环境中，使鹿等可以自由地寻食和奔跑。鹿以树叶和草为食，它的排泄物又给予树木花草以肥料。就景观而言，游憩无拘的鹿群必然会增添自然的野趣。承德避暑山庄有一个景点叫作“驯鹿坡”，就是以动物为造景主题的。至于“玉泉观鱼”“花港观鱼”一类造景，就更为普遍了。（图 21）

颐和园昆明湖东北隅有一座坐西朝东的“夕佳楼”，东面楼上有一副对联，描绘了当时的环境：“隔叶晚莺藏谷口，唼花雏鸭聚塘坳。”（图 22）晚莺夜唱于楼前山谷中，小鸭吃水草的声音不时发自湖塘坳处，这是多么自然、多么幽静之所在。试想这些晚莺和小鸭可能是饲养的，也可能是招来的野生动物共居一处。这说明园林环境如果创造得很优美，除了有意识地饲养观赏动物以外，还可以吸引许多野生动物共同组成综合的生态环境。这也就是种梧桐“有凤来仪”的一类含义。

中国园林要使本来并不具有情感的景物给游人以“情”的感染，就必须借助于各种艺术手段。其中最基本的就是文学艺术的手段，特别是写景文学。文学和园林的关系并不亚于绘画。在我国，“文因景生，景借文传”之事由来已久。早在公元前1084年即周成王三十二年，成王和召康公游于陕西岐山卷阿时，召康公便即兴赋诗献成王以表从政、从游之意。此诗已编入《诗经·大雅》中，而卷阿的诗意已被吸取到避暑山庄的“卷阿胜境”中，由此可见“文”与“景”结合之早和影响之深。

22
夕佳楼
（孟兆祯／摄）

以文学艺术作为民族传统技艺“脚本”的艺术基础，在我国是很普遍的。园林作为一门综合的艺术，特别是它要求不能言语的景物能够对游人说话，从而表达造景者所赋予的情感，就必须动用一切艺术手段。其中可以起到“画龙点睛”作用的非文学艺术莫数，具体的表现形式是景名、景题、景联和景诗。它们都是无声的导游者，游人赏景时一经它们点拨，便会感到欣然领悟。

景名包括风景区和园林的名字。一个园名不过一字或寥寥数字，但却要求概括一个园子的造园意图和性格。例如颐和园是取“颐养冲和”之意，“颐养”指晚辈对长辈的孝养，即皇帝对皇太后的孝养。因此，其主要的山和殿堂皆以“寿”名之。“万寿山”“仁寿殿”“乐寿堂”无非是表达这种祝愿含义的，它充分反映了封建帝王宣扬仁、义、智、孝等思想意识，用以巩固统治和歌功颂德。

园有园名，园中或风景区中之景点又各有其名。中国园林中景点的名目丰富多彩。名称可以不受文法的拘束，而内容则取自某典故或某诗中名句。最普遍采用的是一地一景，即在某种地形地貌环境中，以某种内容为主要游览活动。如“平湖秋月”“琼岛春阴”“曲院风荷”等，这都是比较正规的名词。苏州留园有一景名叫“活泼泼地”，这是用副词做名。

更有趣的是有些风景点的寓意并不直截了当地公诸游人，而是给游人以“谜语”般的名称或示意，启发游人猜想，经冥思而后得。这样势必更添佳趣。如泰山有一处题咏，只是在岩壁上刻了两个似字非字的笔画“虫二”（图 23）。游者初看必然不解，就会自然地进入猜想。越是看不懂就越有兴致去猜，而为题的人绝不会无缘无故地瞎写。当你意识到这两个笔画代表四个字，而四个字又点出了这一带的风景特色时，你更会感到兴奋而深深地佩服作者的心裁。这四个字就是“風月无边”。原来“虫二”正是没有边框的“風月”二字，而“无边”两个字无须多费笔墨便应理而生。这种“义生文外”的手法，真是令人拍手叫绝。

景联和景诗对于抒发景中之情就有更大的篇幅了。不过，一些名句多是以简取胜，言简意赅。杭州孤山西泠印社是精研

23
泰山“虫二”石刻
（陈云文／摄）

金石艺术的学术团体，有不少的浙江篆刻家、书法家和画家都曾萃集于此。印社居孤山之阳，可由山麓至山顶，然后穿洞由山阴下山，因此可兼得西湖内湖和外湖的风光。在最上层台地上临湖的一面，架起了一座楼阁，取名“四照阁”。四照阁门两侧有一副对联：“合内湖外湖风景奇观都归一览，萃浙东浙西人文秀气独有千秋。”这副对联不仅一语道破四照阁得景的特色，而且从自然美引申出人文美，使观者更加提高了赏景的着眼点，因而可以更全面地欣赏这里的风景名胜。

“桂林山水甲天下”，这是大家所熟知的。著名文学家韩愈仅用了十个字就栩栩如生地描绘了桂林山水的典型景观——“江作青罗带，山如碧玉簪。”游览过桂林山水的人一看此联，便会从心里感到诗人把可以“意会”而难于“言传”的赞语表达出来了。一字一义，准确而肖其神韵。一个物象无非是形体、质地和色彩的综合体。“青”和“碧”是水之色，“罗”和“玉”表明了质地。用“罗”形容轻薄透彻的漓江水，用“玉”表达荟萃的青山是再恰当不过了。“带”和“簪”又是多么形象。加以每三字各一组合，山水的神韵便油然而生了。即使没有去过的人，一看这番描写也会顿生游念。

泰山脚下有一座寺庙园林，叫“普照寺”。寺的规模不大，却布置得很别致。其中最吸引人的一个景点，是佛殿与后楼之间的一席台地。由佛殿拾级登台地，由台地再上坡，便是后楼。台地上仅一亭、一松、一石。松立于亭东。孤松傲立，枝叶茂密，向亭斜伸，虬枝匝地。每当皓月当空，月光透过浓密的针叶呈无数道光束射下。不知哪位高士在松旁衬以一石，石上镌刻“筛月”二字。于是，这一美景便有了“长松筛月”（图 **24**）的称呼。亭因松而名“筛月亭”，亭西有路可通竹林，四仰皆山。这个亭子的屋角“起翘”较高，居台中间而四敞。亭之四面各有对联一副。东联曰：“高举两椽为得月，不安四壁怕遮山。”南联曰：“引泉种竹开三径，援释归儒近五贤。”西联曰：“曲径云深宜种竹，空亭月朗正当楼。”北联曰：“收拾岚光归四照，招邀明月得三分。”此时、此景与此情多么融洽！仅仅立了一个亭子，却列出了多条理由，说明这里的确应该建个亭子。四面的景联把亭子和四

24
普照寺“长松筛月”
（孟兆祯／绘）

面的景物都联系上了。

景题和景联不仅仅包含文学艺术。如果采用木刻、石刻或摩崖石刻的表现形式，则更是丰富多彩，美不胜收。这在风景名胜区尤为普遍。人们誉称这种艺术品为“三绝”，即“文”一绝、“书法”一绝、“刀法”一绝。试想，一个不懂书法的石刻工是绝不会刻出好的作品来的。石刻家必须首先是书法家，只不过是“以石为纸，以刀为笔”，以刀锋出笔意。因此，作为一个石刻家，不仅不应该降低原作的书法水平，更应该以“再创作”的姿态充分发挥原书法的优点，隐藏原书法的拙笔。如果我们把乾隆在纸上写的字和石碑上的字做个比较的话，不难看出石刻家所起的作用。

园林布置从形象构思到总体布局和局部构图，都糅进了中国传统的绘画艺术，特别是写意山水。山水、建筑、山石、树木均深求其画意。无论是一卷山石“云梯”（即用山石堆叠成的自然式室外楼梯）(图 25)，还是一个地穴（即俗称的月洞门）、一个漏窗的处理，这都应当归功于明代造园家计成和清代杂家李渔的艺术创作。计成谈到在白粉墙前面用山石掇“壁山”时说：“峭壁山者，靠壁理也。借以粉壁为纸，以石为绘也。理者相石皴纹，仿古人笔意，植黄山松柏古梅美竹，收之圆窗，宛然镜游也。”

25
网师园“云梯”
（孟凡玉／摄）

这种写画入景的手法，在中国园林中运用十分普遍。李渔的贡献是在传统的基础上进行革新，创造了“无心画”和“尺幅窗”（图 26）。原来，中国人民出于对大自然的热爱，常在中堂悬挂竖幅山水画以供欣赏。李渔作为一位杂家，在文学、绘画和造园方面都颇有造诣。他将墙上挂画的部位开为漏窗，引真正的自然山水入室成画，使室内外的空间得以互相渗透。他称此为“无心画”。也可以开小窗户，以窗框为画框，由室内向室外借取竹石小品。这种小景窗称为尺幅窗。李渔还很风趣地留下了几句话。他说：“但期于得意酣歌之顷，高叫笠翁数声，使梦魂得以相傍。”（如果你赏此景感到兴趣时，请对空高呼三声李渔，我便会和你们同享此趣。）

（五）一法多式，以形肖神

我国园林自成体系，不仅有独特的理论，还有体现这些

26

尺幅窗

（陈云文／摄）

理论的手法和具体的形式。这就是所谓理、法、式的体系。

园林艺术因地制宜，所以“有法无式”。这应该理解为有成法而无定式。中华民族的文化艺术往往是既有严谨的理法控制，又能在一定制约下有尽情发挥的自由。词牌和曲牌是有一定之规的，但同一词牌可以填出许多富于情感变化的词。京剧的曲牌是有限的，但也可“一曲多用”。在遵循一定共性约束的前提下，可以配合剧情做不同变化。

园林艺术有它传统的“套子”可循，但也讲究一法多式。例如山水园中普遍运用“一池三山”（或“一池五山”）作为象征仙山的手法（图27）。但自秦汉至清代，虽然相为因袭成法，却又结合地形差异而选取合宜的“式”。杭州西湖中有三岛，其中主岛小瀛洲是湖中有岛、岛中有湖的结体。（图28）颐和园之“一池三山”又隔堤相安，主岛以十七孔桥接岸。北海和中南海是狭长形水系，因此三岛之设呈线形布置。避暑山庄的三岛若灵芝萌发，分枝而出。圆明园福海中的“蓬岛瑶台”又于中心紧依一体，由岛出台，若断若连。多少“一池三山”，却无雷同之弊。

27
一池三山的“一法多式”
（孟兆祯／绘）

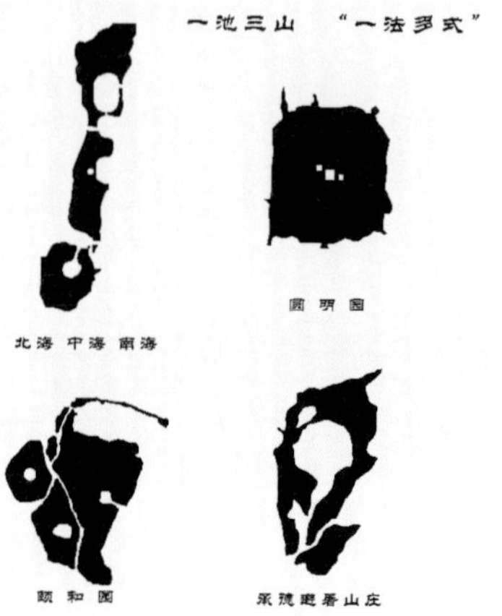

就园林庭院组合而言，最基本的组合是民间的四合院。但结合地形由“正”

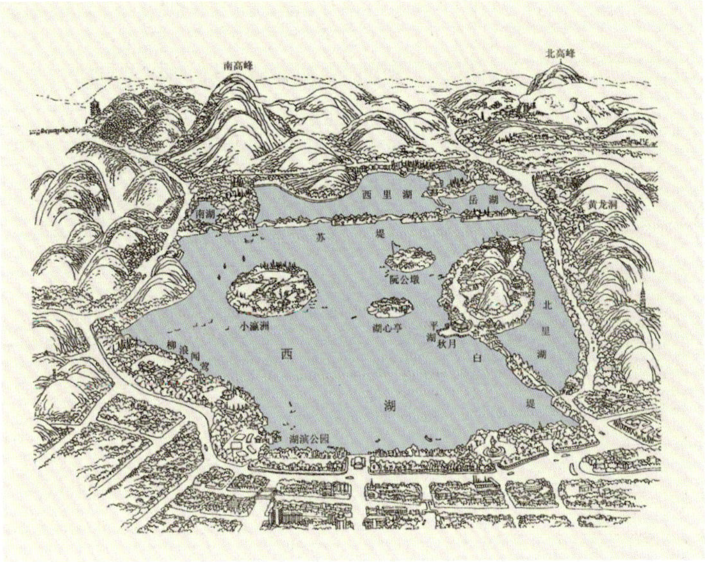

28
杭州西湖三岛

而“变”，则可产生变化无穷的组合。就单体建筑而言，传统的屋盖形式也是并不多的，但一经精心组合，却出现了性格各异的建筑群体。假山布置也有成法和套子，但立地条件不一，意图各异，材料多变，成山以后自然各具特色。

园林中仿名景之事是引为风尚的。西湖风景一经成名，扬州始出现瘦西湖，颐和园开凿了昆明湖，承德避暑山庄原先也仿西湖分内外湖。但仿景不是生搬硬套，而是“仿中有创”。瘦西湖以长河如绳的“瘦”作为特色，所谓“借得西湖一角堪夸其瘦，移来金山半点何惜乎小”，正是这一带风景的写照。（图 **29**）

反映在创作方法方面，中国的园林艺术可以说是写意和写实相结合的。园林究竟不同于泼墨的山水画。它是以实物为“笔墨”的，不可能以寥寥几笔成就一景。但园林确又吸取了写意山水画的真谛。它源于自然而又高于自然，于浩大的自然山水中概括典型，将自然山水之美写入园林。这不仅在“形”方面要相似，更重要的是“以形肖神”，把自然山水的神韵描写出来。

经过历代造园艺术家的苦心经营，要达到这个艺术境界并

29
扬州瘦西湖
（陈云文／摄）

不是不可能的。首要的前提就是要向大自然学习。过去的山水画家都是搜尽奇峰打草稿，积累了无数的山水法式才能一挥而就。园林创作要吸取绘画二维空间的艺术化为三维空间，则更要强调“身历感”。通过亲身的游历，从中加以典型的概括和提炼，把现实的自然转换成艺术的自然，此亦“身之所历，目之所见，是铁门限”的道理。唐代王维如果不到终南山，也写不出“阴晴众壑殊”这样生动地反映自然变幻无穷的名句。园林艺术往往在总体布局方面运用概括的手法，而在细部处理时采用夸张的手法，出于现实而不拘泥于现实，以取得“意写”的效果。

在传统的园林中再现某些名山大川或著名的园林，这是屡见不鲜的，但这种移植绝不是单纯的模仿，也不可能悉仿。例如苏州建有“洽隐园”，园中的“小林屋洞”（图30）是仿洞庭西山的林屋洞的。如果单从面积和环境而言，可以说是无法仿造的，但作者却抓住了林屋洞的神韵：有洞如屋；洞口横斜而开；洞中有水洞和旱洞的变化；水洞中顶悬钟乳，洞壁一边临水，一边沿壁可行。凡游过林屋洞的人，再游小林屋洞时，有如故友重逢。

又如镇江的金山，雄踞于长江南岸的水中，金山寺慈寿塔巍立山顶，形成一个非常壮观的画面。承德避暑山庄也有个

31

30
小林屋洞
（孟凡玉／摄）
31
小金山
（王欣／摄）

“小金山”（图 31），包括“上帝阁”“天宇咸畅”“镜水云岑”等建筑。凡到过镇江的人，到这里马上会产生联想，认为它很像金山寺。为什么在这么小的面积上能重现金山寺的壮观景色呢？因为创作者抓住了意写的要领，即“取形象神”。首先是取势。历史上的金山三面环水，一面与岸有带水之隔。金山屹立于长江岸边，宛若“浮玉”拳立水面之上，形成江天景观。避暑山庄也正是选取湖东岸近水边的拳形地面掇山，它南、西、北三面临湖，与东岸仅一涧之隔，二者所处的形势是很相近的。再者，镇江金山寺与山的关系是“寺包山”，见寺不见山。金山寺慈寿塔直耸入云，半圆形的月牙廊环抱山麓而低踞水边，而避暑山庄的“镜水云岑”也是后楹依岭，廊屋周覆，依山构宇，随山爬廊，加以曲廊西拱，回抱如半月，山顶的“上帝阁”矗直巍立，俨然金山神韵。三者，镇江金山寺慈寿塔由四周都可开辟的风景线交会于此，登塔则风景线呈放射形射出，四面有景可观。避暑山庄小金山上的“上帝阁”虽不及金山寺慈寿塔高，但登阁四望亦皆得景。在整个镜湖西岸，也可以从不同角度观赏到这组雄踞湖岸的仿金山建筑。

此外，北宋寿山艮岳之仿杭州凤凰山，颐和园西堤之仿杭州西湖苏堤，避暑山庄烟雨楼之仿浙江嘉兴烟雨楼等，无不是在现实基础上给予写意性的艺术加工而奏效的。

（六）置石供赏，掇山可游

中国古典园林有“无园不石”之说，可见山石运用之广泛。但置石和假山是两种不尽相同的概念。置石指不具备整体山形的零星山石布置，它以观赏为主，只供静观而不能于山石之上游览。假山则是以土、石等为材料，按自然山水的规律以人工再造山景或山水景的统称，它既可观，也可游。

假山因材料不同分以土山、石山和土石相间的山。后者又因土、石的比例不同，而分为土山带石和石山带土，也有以石包土的做法。版筑土山称筑山；将零星的山石掇合成山称为掇山；也可以利用开凿自然山岩的方法造假山，称为凿山；以砖和钢丝网等材料结成骨架，于表面抹灰成假山则称为塑山。颐和园后湖北岸的假山是土山，北京北海的塔山是土山带石，北海静心斋为石山，杭州孤山上的西泠印社（图 32）和颐和园谐趣园的“玉琴峡”属于凿石成山，而北京动物园和广州动物园中的狮虎山则称为塑山。

人类早在石器时代就和石头打交道，但最初只是把石作为生产工具。大约在封建社会初期就开始有欣赏山石的活动。据《尚书·禹贡》记载，当时规定泰山一带向上进贡的贡品中就有奇松和怪石："岱畎丝、枲、铅、松、怪石。"唐宋以后，赏石成风。为兴建北宋艮岳而操办的“花石纲”，成为历史上汇集奇石的高潮。其后，便出现了各种“石谱”的书籍，如宋代的《宣和石谱》、明代的《素园石谱》和《云林石谱》、清代的

32
西泠印社小龙泓洞
（孟凡玉 / 摄）

《冶梅石谱》等，详述百十种石品的产地、性状、观赏特征和开凿方法等等。

置石又可分为特置、散点和群置。特置在江南一带有称为“石峰”的，实际上凡具有独特的个体美的山石都可以用作特置，不仅可立峰，亦可横陈。

特置山石以太湖石居多，因为它具有“透、漏、瘦、皱、丑”的形态美，具有滋润的石色以及光滑如玉的质感。透指水平方向石洞的贯通；漏指上下竖直方向石洞的沟通；瘦指孤峙无依；皱指石表皱纹多而富于变化；丑意谓不方不圆，散漫成形。其实这五个字只是评价单体太湖石的审美标准，可供作特置的石材很多，如钟乳石、青石、珊瑚石、木变石、石笋等，评价标准不能一概而论，当然，更不宜套用这五个字去评价以整体美取胜的假山。

我国江南保留了好几块名石。如苏州旧织造府的“瑞云峰”（图 33）、苏州留园的“冠云峰”（图 34）、上海豫园的“玉玲珑”（图 35）、杭州花圃中的“绉云峰”（今在杭州西湖“曲院风荷”江南名石苑内），等等（图 36），皆为江南名石，其中大多为“花石纲”遗物。北京则有颐和园的“青芝岫”、现置北京中山公园的“青云朵”等。广东园林则有“大鹏展翅”“猛虎回头”等著名的特置山石。

33
苏州旧织造府“瑞云峰”
（黄晓／摄）
34
苏州留园“冠云峰”
（黄晓／摄）
35
上海豫园“玉玲珑”
（黄晓／摄）
36
杭州“绉云峰”
（黄晓／摄）

33

34

35

36

散点是指“攒三聚五、散漫理之”的山石点缀。群置则指更多山石相组合的散置，也称为大散点，如北海前山山石的布置。

我国古典园林中现存的著名假山，有北京的静心斋、北海后山、乾隆花园和香山的“见心斋”、中南海的静谷，承德避暑山庄的文津阁，南京的瞻园，扬州的个园和小盘谷，苏州的环秀山庄和耦园，上海的豫园，常熟的燕园，杭州的文澜阁，嘉兴的烟雨楼等。

山石还可以结合实用功能造景，如护坡、驳岸等；也可作为室内外的器设，如石屏、石榻、石桌、石凳、石栏等；还可做园桥、水中步石和结合园林建筑室外楼梯作云梯等。

清代时，在岭南庭园中就有灰塑假山的技艺。近年来广州园林在继承传统的基础上以水泥塑山，开创了假山的新工艺。塑山的优点是不受石材的限制，减少了采石、运石的繁重工力，又可任意造型，施工期短且具有良好的观赏效果；不足之处是难以延年。广州新型园林中采用塑山造景，取得了不少经验，如白天鹅宾馆共享厅中之大瀑布、白云宾馆中厅之“榕根壁”和小北花园水池中的塑山，在造山新工艺方面都取得了可喜的成就。

三、中国园林艺术的基本理法

中国园林能形成独具一格的鲜明特色绝不是偶然的。这里面凝聚了从古到今无数著名的匠师和无名的手工艺人的智慧。当我们游览和鉴赏这些园林时，除了一般地了解其发生发展的沿革和旁及诗画熏陶以外，还有必要大略地了解其园林艺术的基本理法，从而不断提高欣赏水平和分析能力。

（一）相地合宜，构园得体

园之兴建是否得体，这是成败的关键，而得体的前提是“相地”合宜与否。相地包含两个内容：一是选址；二是因地制宜地确定园林的山水结构和总体布局。

园林艺术创作从物色园址就开始了，而且应是带着具体的造园目的来选择园址的。例如，清代的康熙为了选择避暑行宫的基址，足迹踏遍长白、秦陇。经过多方面的调查研究和比较，最后才确定在今承德建行宫。这里和北京相距较近，以当时的交通条件，两日可以往返。通过访问村老、考察石碣和亲身体验，发现这里“草木茂、绝蚊蝎、泉水佳、人少疾”，天然环境未受破坏，卫生而清凉；再者，这一带山水形势融结，泉源充沛，奇峰怪石周环罗列，于此处营建避暑行宫，倚傍水源，山谷穿风，群岫环抱，势若拱揖趋承；加以古松成林，野致撩人。计成在《园冶·相地》“山林地”一节中说：“园地惟山林景胜。有高有凹，有曲有深。有峻而悬，有平而坦。自成天然之趣，不烦人事之工。”如果与圆明园、颐和园等避暑行宫相比，承德避暑山庄在自然、气候和地形地貌方面的条件是略胜一筹的。

但是，有了优良的园址，还必须仰仗人为的艺术加工，才能成为理想的园林。必须充分利用园址的有利条件，弥补其不足之处，使之尽量完美。避暑山庄自东北向引武烈河水入园（图 37），水首又按“山脉之通按其水径，水道之达理其

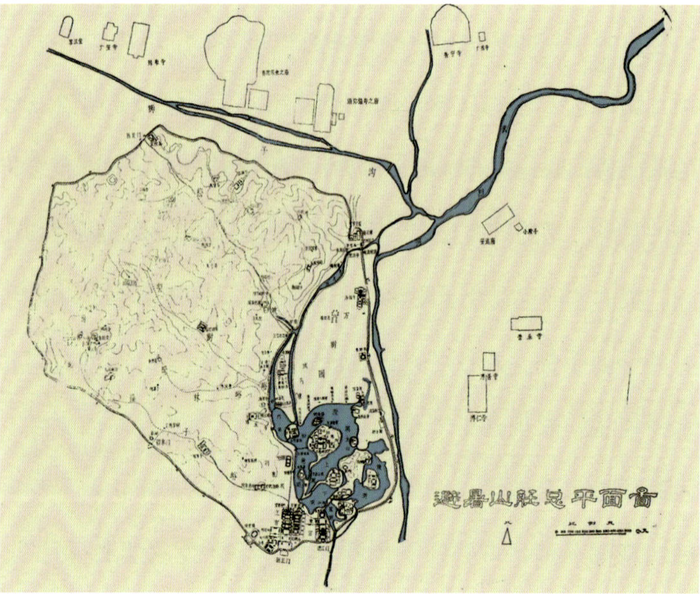

37
避暑山庄总平面图
（薛晓飞改绘自孟兆祯《避暑山庄园林艺术》）

山形”的道理，沿山的东缘蜿蜒收放，以便承接广大山区的泉水和地面径流。到原有浅沼地带扩展为湖，并导热河泉入湖，又利用挖湖土堆出芝径云堤、如意洲和月色江声岛，再从东面导水出园，形成具有江南水乡秀色的湖区。南部低台地，以据岗临湖之势辟为宫殿区。湖区以北则作为平原区展示蒙古草原风光。占总面积五分之四的山区是表现山庄主题的重点，因几条谷峪的条件安排了疏密有致、同山势紧密结合的风景点，发挥“因山构室，其趣恒佳”的优势。整个布局以山为主，以水为辅，依山傍水而穿插建筑，形成集景式的大型山水园，使其独具朴野的风景性格。这便是“构园得体”。

圆明园的园址原是称为“丹陵沜”的沼泽地带，水面破碎不整，互不沟通。因此于平地凿湖筑山，并使水体有聚有散。土山又结合水体构成不同大小、不同性格的独立山水空间。再于其中布置建筑，形成以水为主、以山为辅、园中有园的集景式山水园。如果圆明园也像北海或颐和园那样采用以山为主的主景突出式布局，那就显然不得体了。这和作文、绘画的道理一样，因内容确定文体和篇幅。本来是讽刺小品文的内容，却硬写成长篇小说，也就不得体了。

（二）巧于因借，景到随机

园林有内外之分，但园景无内外之分。园景并不是孤立的景。如何充分开辟与四周之间环境的风景透视线，屏障一些有碍观瞻的所在，这对于挖掘风景潜力有很大的作用。因此，传统上有“嘉则收之，俗则屏之”的理论。

一般园内外互相“得景”称借景，园内互相成景称对景。但在“园中有园”的布局结构中，亦可一概称为借景。借景又要“相因”，即需要有借景的理由和因素。要巧于因借，做到临机应变，景到随机，无可拘牵。常用的借景手法有：

1. 远借。如扬州和镇江之间有宽广的长江相隔。宋代欧阳修于扬州西北郊山岗上建“平山堂”，以远借金山、焦山和北固山的景色。“平山”的含义即“江南诸山，含青吐翠，飞扑于眉睫而恰与堂平”。其堂上悬挂的楹联说：“过江诸山到此堂下，太守之宴与众宾欢。”这种凭高借远的做法是很普遍的。承德避暑山庄的“四面云山”亭，安亭于满目云山之巅。须晴日，数百里外的峦光云影都可奔来眼底，极目远舒，心境为之一敞。

2. 邻借，亦即近借。如北海和景山之互借，颐和园借景玉泉山（图 38），以及瘦西湖与诸相邻小园互借等。自颐和园

38
颐和园借景玉泉山
（薛晓飞 / 摄）

“湖山真意”亭西望玉泉山，借景入画恰如景题。

3. 俯借和仰借。这包括居于高下两个景点之间的互借和单方面的借景。如杭州西湖十景中的“双峰插云”是仰借，而据山俯湖则是俯借。

4. 应时而借。园林既是空间艺术，又是时间艺术。一年四季有季相之分，一天早晚有朝夕之情，加以阴晴风雨，可借之机何多？西湖之“苏堤春晓”写春景，“曲院风荷”绘夏景，“平湖秋月”赏秋景，“断桥残雪”凭冬景（图 39）。颐和园之

39
杭州西湖
“断桥残雪”
（金菁 / 摄）

“赤城霞起”“寅辉”皆赏晨景，而“夕佳楼”和“挹爽”又描绘夕景。

5. 凭水借影。避暑山庄东面矗立的磬锤峰（俗称棒槌山）孤挺独秀，是山庄主要借景之一（图 40）。除了直借外，西山近湖处设“锤峰落照”亭，居此可领略“夕阳抹金”“天容倒山”的水影，真是匠心独运。

6. 遐想借意。作为一种艺术，园林容许带有浪漫色彩的遐想。如石舫原是立于水中的，但旧时避暑山庄如意洲上的“云帆月舫”和现存广东省佛山市顺德区大良镇清晖园的船厅

锤峰落照
（薛晓飞／摄）

却建在岸边陆地上。云帆月舫为舵楼型的建筑，它借横逸的白云为帆，借月光洒地为水，用“月来满地水，云起一天山”的诗意造景，境界似乎更深。

（三）总体概括，局部夸张

中国园林以山水园著称。但自然山水何大，园林面积何小，欲纳山川之势入园林，非高度概括而难以奏效。所谓“一卷代山，一勺代水”便成为重要的意匠，但概括又不是按比例缩小，而是写山水之一段，加以局部夸张，令游者有入真山水感。否则直如山水盆景，虽也是无声的诗、凝固的画，却只可“神游”而不得“身游”。

又是概括，又是夸张，似乎有矛盾，实则相反相成。这便是从总体上提炼使其具山水形势，而局部给予夸张使其适合人的尺度要求。

山水形势指总体轮廓具有“三远”变化，其有动势，并具有主峰、客脊之从属关系。其中特别要控制园林建筑的尺度，使之适应总体的比例。试观北海后山的建筑，室不过数间，廊宽仅一米有二。如果屋大于山，则概括之比例破坏。北海静心斋的北园，面阔仅百余米，进深才四十余米。但山壁之延伸有脉向，水之开辟有来往。西南高处因岗矗亭，东面低处因低作坞。起峦不堵中心，立石壁以藏深壑。既有“三远”之变化，又有洞穴、磴道、跌水之细微变化。无锡之寄畅园，筑土山以为真山之一余脉的身份，按西面真山走势延伸可隔水相望。土山间又贴石为谷，引泉穿涧，跌落成“水乐”，因而组成“八音涧”的水石景（图41、图42）。土山上高木巨树，俨然真山之意的水石景。这些都是概括和夸张手法的体现。

（四）先有成局，后施精微

有成局和无成局是相辅相成的，是辩证的。无成局就不会全盘统筹地去考虑园林的总体，要有成局又不为“成”局所限。

清代杂家李渔就假山创作做了如下的比喻：“犹之文章一道，结构全体难，敷设零段易。唐宋八大家之文，全以气魄胜人，不必句栉字比，一望而知为名作。以其先有成局，而后修饰词华。故粗览细观同一致也。若夫间架未立，才自笔生，由前幅而生中幅，由中幅而生后幅。是谓以文作文，亦是水到渠成之妙境。然但可近视，不耐远观。远观则襞襀缝纫之痕出矣。”他的这番比喻是确切而生动的。如果胸无成园，又如何着手进行每个局部的布置呢？

因此造一个园子，不要急于去盘算细部如何精雕细琢。首先要着眼于战略的布置。要花大量时间和精力做结构的构思，

41

42

41
无锡寄畅园八音涧
的崖壁山谷
（黄晓 / 摄）

42
无锡寄畅园八音涧
的山林谷壑
（黄晓 / 摄）

然后再逐一地、按照各局部在总体中的地位进行精微的处理。诚然，也有些局部处于影响整体的关键性地位，甚至有“一着失手，满盘皆输”的情况。这时候，这些关键性的局部处理，也应是包括在布局之中的。

这一理法也可以理解为先有总体规划，再考虑局部设计。“成局”的内容包括如何用各种组成因素来体现造园意图，包括各组成因素之间的比重关系。如上海的豫园、南京的瞻园、苏州的环秀山庄都是以山为主，以水为辅；而苏州的拙政园、扬州的瘦西湖却是以水景为主，各园因景而成。

我国古代之造园不一定都有规划图纸或模型，但必先有总的塑造意图于胸中。像圆明园这样的大园，动工之前是有设计图纸的，而且还结合图纸做了不同比例尺的模型。世代相传的“样式雷”就是当时专门制作“烫样”的匠师（图43）。整个方案经批准而后动工，有条不紊。园林之掇山，必先有胸中丘壑，再“相石立意”，而后一气呵成。《撰杖集》中有一段记录清代假山哲匠张涟（字南垣）指挥掇山的情况：“涟为此技既久，土石草树，咸能识其性情。每创手之日，乱石如林，或卧或立。涟踌躇四顾，主峰、客脊、大岩、小礅皆默识于心。及役夫受命，与客方谈笑，漫应之曰：‘某树下某石可置某所。’目不转视，手不再指，若金在冶，不假斧凿。人以此服其精。”

43
“万方安和”烫样
（朱庆征／摄，北京故宫博物院藏）

由此可见，千变万化的假山也是在构成全局的思想指导下逐一掇成的。如果东拼西凑，罗列堆砌而没有完整的构思，就不可能有整体感，而只会显得杂乱无章了。

（五）先立宾主之位，次定远近之形

园林布局类型有主景突出式和集锦式两大类。像颐和园、北海都属于主景突出式。颐和园主要突出万寿山的佛香阁（图

44)，北海突出表现琼华岛上的白塔（图45）。而圆明园和承德避暑山庄则属于集锦式，也称为集景式。后者虽没有统率全园的主景处理，但二者都有主景和次景的处理，只不过前者反映在总体中，后者反映在局部处理中而已。

44
清漪园万寿山佛香阁（薛晓飞／摄）
45
北海白塔（图片引自北海景山公园管理处《北海景山公园志》）

宋代李成《山水诀》提出："先立宾主之位，次定远近之形。然后穿凿景物，摆布高低。"计成在《园冶》中也提出了同样的造园理论，叫作"独立端严，次相辅弼"。颐和园总要先把佛香阁竖起来，确定一条主要的中轴线，再结合安排龙王庙、西堤和知春亭的位置，然后才能安排其他景物。

44

45

如果布置一组山，那就要处理主山和客山的关系。清笪重光《画筌》谓："主山正者客山低，主山侧者客山远。众山拱伏，主山始尊。群峰互盘，祖峰乃厚。"唐代王维《画学秘诀》谓："主峰最宜高耸，客山须是奔趋。"这都说明了造山要领。这些要领是从自然界中概括出来的，并用以指导画山和造山的实践。从现有描绘宋代汴京寿山艮岳的资料来看，这座人造的山，一方面仿杭州的凤凰山，一方面也完全符合主峰、客峰布置的理法，主峰端严巍立，左右两山回抱而朝揖于前。

（六）**起承转合，章法不谬**

人们常用有无章法来评价园林，而且有“文章是案头之山水，山水是地上之文章”之说，这是很实在的。任何园林布置都有“起、承、转、合”。

“开篇”的问题就是“起”。以颐和园为例。东宫门内外从牌坊开始到仁寿殿都属于“起”。宫苑往往是以朝宫居前，这不同于禁苑，可以山拥林伏，点花置石。

文章开了头以后，下面如何承接下去？这便有个“承”的问题。颐和园宫殿区西面便是山水景色，西山环障如屏，昆明湖辽阔开朗，万寿山端严巍立，这些山水景色很好地进行了承接。

但是从仁寿殿到山水风景如何过渡，这就有个“转”的问题。如何从庄严的宫殿转到明媚的山水景？仁寿殿后面的人造土山就是为这个“转”而设的。

整个园林是连续的景观，一段既毕，另段又起，这就需要有好多“承”“转”的处理。

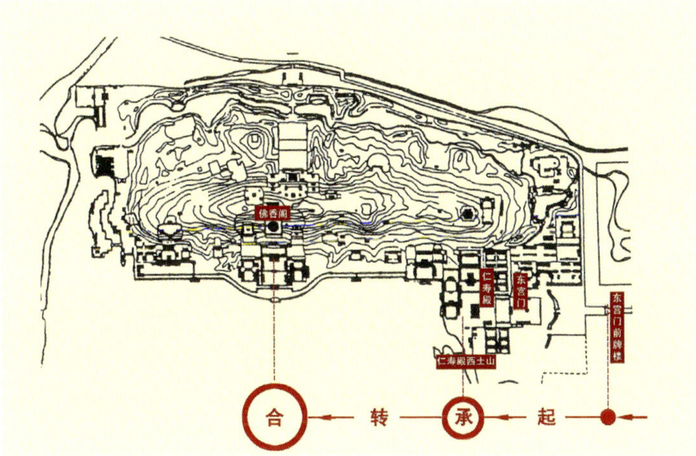

46
颐和园起承转合
（薛晓飞改绘自清华大学建筑学院《颐和园》）

一直到文章要收笔了，就要总“合”一下。我们登上颐和园万寿山上的佛香阁和智慧海，俯瞰全园，多般景色皆重现于眼下。游人指点风景，回忆和“总结”游程。像颐和园这样的布局可谓有章法（图 46）。

章法的另一体现是园景要有序幕、演发、高潮、尾声和余音的序列组合。园景之感于游人，是一个完整的心理反映过程。一场好戏、一篇文章也都有相同的“章法”。如果一进门就展现高潮，那之后就没有什么看头了。如果把高潮放在最后，那么，游人基于预想的盼望会因久不能得到满足而失望。

因此，高潮的布置要善于掌握游览的火候，尽可能收到恰到好处之感。高潮也可能不止一个，但必须有主次之分。游颐和园时，东宫门一带是序幕，知春亭、龙王庙、长廊等都是各种演发；游到佛香阁这一组建筑，自然就进入高潮；然后再从后湖到谐趣园，谐趣园作为一个“园中园”，相当于一曲尾声，这仿佛文章结尾要有最后一个句号一样，要“圈”得住。至于游完颐和园以后还有回想那就进入“余音绕梁”的阶段了。一座好园林，情景必然绕目缠心，引人回想。

园林创作者往往运用很多手段来激发游人的兴趣。为了配合以上序列的演进，常常用匾额或摩崖石刻来预示或代为表达游人即时的心情，使游人感到它说出了自己内心的感受。对于尚未感受或未能够尽情感受的游人，它则可以起到点悟以提高欣赏水平的作用。

例如进门后要进入景区时，它往往会告诉您“渐入佳景”。当景物达到琳琅满目的高潮时，替您表达“应接不暇”的感受可能见于石刻。一些描写仙境的风景，有时仅靠客观景物形象尚不能达到预想的效果，需要即时即景地结合以联想才能尽情。于是，您便会在峭壁上看到斗大的“遐想”两个字。

以上种种，均能起到一言穷理的作用，令人从内心赞赏这种紧扣心弦的园林艺术加工。

（七）山水结合，相映成趣

山水是自然地貌的主体，也是我国园林艺术的两极和自然山水园的主体。

中国园林理水之法，渊源既深，流程且长。现尚传世的《尔雅》最初出自何人何时尽管难考，但它起码不晚于西汉时重编成册，其中《释山》篇对山做了概括性很强的解释。北魏郦道元所著《水经注》对全国主要的山川都做了详尽的记述，在这个基础上发展起来的山水画论和造山理水的理法根基雄厚。

而山和水又是不可分的，有山无水，山必失其润，失其动，山水结合则相映生辉。园址的自然条件各有不同，结合地形则必然因地制宜。水多可汪洋，少则湖泊，再少可池沼，甚至线溪亩池都可取胜。这叫作“有水则灵”。

如北海琼岛上，古时曾用半机械的方法自岛之东北吸金水河之水，蓄于山之西面高坡之上、“水绘域”地面以下的古井中，然后再引出，做线溪曲折流入“亩鉴池”，再转入伏流，之后从“小寰丘”亭侧岩缝中做小瀑布流下，还归太液池中。

即使在人工水源困难的情况下，也要争取利用屋檐或山池的雨水结合排水造景。《园冶·掇山》说：“瀑布如峭壁山。理也，先观有坑，高楼檐水可涧至墙顶。作天沟，行壁山顶，留小坑，突出石口，泛漫而下，才如瀑布。不然，随流散漫不成，斯谓‘坐雨观泉’之意。”苏州狮子林之瀑布旧时有可能是循此理做的，其他地方的古典园林也多见同法。结合地面排水造景，如颐和园万寿山后山西部之“桃花沟”和东部“寅辉”西面之山沟，皆因降水成景。有雨时或雨后可观山溪扑跌、泛漫之景，无水时也似有深意。这些都是很典型的传统手法。

山与水的组合，在布局中也是牵动全局的大计。清代书画家石涛在《画语录》中说：“得乾坤之理者，山川之质也。”另外，“水得地而流，地得水而柔”，“山静水动”，也都是说山水相依而存的道理。无水之山岂不是枯山？

山水的外形和取势也是相互制约的。笪重光所谓“山脉之通，按其水径；水道之达，理其山形”，道出了山水相因的要理。例如长江三峡的自然景观中，山脉的分布和水道的奔流是分不开的。山沿水而交峙为峡，水从山峡则川流为江，水遇横陈的山崖而急转其势，山因江浪的淘刷而成其麓。试看圆明园各风景区的山水组合，广西漓江山水风景之组合，虽然山水的比重和气质不尽相同，但完全可以印证这一经过概括的自然规律。

山水组合的单元是多种多样的。山有峰、峦、顶、岭、崖、壁、谷、壑、梁、岗、坡、洞、岫、矶等，水有泉、瀑、潭、溪、涧、池、湖、河、沼、港等。山水互相排列组合，灵活应变，不知可以做出多少变化，然万变不离其宗。这就是“外师造化，中得心源”，“有真为假，做假成真”的总纲领。

（八）化整为零，集零为整

如果把整个园林比喻为文章的话，那么，分区和空间就好比段落。要有大中见小的效果，必须用化整为零的方法，把整空间划分为性格不同的小空间，包括单体建筑景点、园林建筑组群或“园中园”。

分隔空间的手段很多。大型空间可以用土山或林带划分，中型空间可用建筑或石山、树丛划分，小空间则可用壁立的山石划分。需要完全隔离的地方可用实山、实墙，两个空间需要渗透的地方则可在墙上开漏窗或花窗，如果半隔半透还可以用廊子或廊桥一类的建筑来分隔。

利用土山划分空间是比较自然的。土山可以和云墙组合在一起分隔空间。例如拙政园中“枇杷园”西边界采用云墙建于土山上来划分范围（图 47）。土山南高北低，云墙则南低北高，顺坡势伸展，土山尽处，云墙自然地立于平地上。北海“画舫斋”为了加强山林野趣，土山和云墙时而顺势，时而山之余脉伸入墙内，似乎是在自然的山野中用墙圈出这样一块地来，其实土山与墙都是人工建造的。北海北岸的“快雪堂”属于同一手法，效果也比较好。上海豫园有一处以粉墙分隔的空间，而墙下面又开拱券形的洞以沟通两边的水面，使水中的倒影可以相互渗透，用这种“过水墙”分隔空间是很巧妙的。

被划分出的空间在性格上要有所区分，使游者更换空间时有新景交替之感。如果反复出现同一景观，则会令人生腻。

园林的游览路线是把各空间连接成整体的纽带。园路既是导游的工具，本身又具有和环境相协调的造景作用。游览路线包括室外的路，如磴道、栈道、园桥、步石、汀石；还有半露天的，如廊子、半壁廊、花架以及山洞等。为了使游人能从最好的角度引入，有“路宜偏径”之诀。已确定位置的景点被统一的游览路线贯穿之后，总体的局面就有了眉目。

47
苏州拙政园枇杷园，从园内隔圆洞门望雪香云蔚亭（黄晓／摄）

（九）对比衬托，相得益彰

要想使游人始终保持旺盛的游兴，园林必须充分运用对比衬托之法。

例如藏与露的对比。兴造园林的目的是表露以感人，但传统的园林主张藏露并用，而且特别强调要藏，因为一般容易重表露，轻匿藏。其实，“景愈藏境界愈深，景愈露境界愈浅”。完全暴露无遗，一目了然，就根本无可玩味了。为此，中国园林很善于使用障景。例如小说《红楼梦》中的大观园，一进园就有土石山作屏障。拙政园入腰门后，迎面也是黄石假山障屏于前（图 **48**）。从东宫门入颐和园，仁寿门内的巨石便是障景（图 **49**）。又如从昆明湖水路自“水木自亲”登岸，则乐寿堂前横陈的“青芝岫”也自然成为障景。但障景只是开展景色的手段，目的还是要把游人诱引到层层深入的风光美景中。

“虚实互补”也是对比衬托的内容。譬如为山，必须“胸有丘壑”。倘若胸中有“丘”而无“壑”，则有实无虚，那就很难取得好的效果。因此，假山除了以峰取胜外，更多的是以谷、壑、岫、洞、坏、缝、涧等取胜，它们都是以虚为主的。建筑墙面是实的，但如果于墙上开漏窗或花窗，便可增加虚实的对比变化。漏窗中透出景物，又是“虚中有实”。如果不掌

49

48

拙政园腰门黄石

（薛晓飞/摄）

49

仁寿门内巨石

（朱强/摄）

握虚实互补的要领，在实墙上遍开漏窗或花窗，则等于以栅栏隔景，那样又有何益？

“喧寂”和“浓淡”也是两对艺术处理的矛盾。“喧寂”对于景区的性格塑造很有关系。试看颐和园万寿山和北海琼华岛，均有“后寂前喧”的处理。万寿山前山建筑密度大，人的活动多，异常热闹，金碧辉煌的景物也可以说具有“浓郁”的味道。但如果全园都“喧”而“浓”，那就乏味了。颐和园后山便以自然、幽静为特色，于喧后入静，或先浓而后淡，都可以使游人调剂游兴。

此外，苏州留园从入口到“涵碧山房”，其间利用曲廊、天井、古木、山石和植物组织空间，造成“大小”“宽窄”“明暗”多方面的对比，使空间富于变化。苏州环秀山庄利用幽谷、深涧、山洞、洞府、洞室等组合单元，创造山静水动、峰实谷虚、地明洞暗和建筑边线直而山石轮廓曲等变化。从入山的栈道到山洞的水平距离最薄处仅十几厘米，但由于有明暗的变化，游人并不会感到处于近在咫尺的面积上回折，无形中延长了游览路线，使人感到空间不小。山洞中本是暗的，但也要有一些采光孔。环秀山庄的创造者——清代假山哲匠戈裕良很巧妙地利用湖石本身的孔洞置于贴近地面的洞壁上。这样，在洞中保持了暗的特点，而又有一线地面之光可循径而行。在洞府中更有通向外边水面的漏洞，漏洞利用石层不规则地层层相套，这不但可以反射水面上的亮光，还可以排出一些地面水。这些精微的处理都是历尽匠心之艰才取得出奇效果的。

2. 中国古典园林与传统哲理

中国古典园林以现实主义和浪漫主义创作方法相结合的自然山水园著称于世，讲究“景以境出”、“情景交融”和“寓教于景”。这是由于中国园林艺术植根于中国几千年历史和绚丽多彩的传统文化。因此园林艺术的理论是整个中国传统文化体系的一脉，园林中“情”“意”的由来和源远流长的中国古代哲理息息相关，而以景象反映哲学观点和传统思想，是中国园林区别于他国园林的主要特征之一。探索中国园林艺术和传统哲理之间的微妙关系，不仅有助于深化认识和欣赏中国园林，更对于深入研究园林景观中“形”与“神”之间的关系，继承和发展中华民族文化传统，以至创造具有中国特色和时代内容的新园林有重要的现实意义。

一、中国古典园林追求的境界和评议标准

我国园林界都熟知和赞同计成在《园冶》中总结的八个字："虽由人作，宛自天开"，认为这是中国园林艺术的总纲领，也是我国园林创作者所追求的境界和用以评议、衡量园林艺术的标准，而这一至要的园林艺术总则正是"天人合一"的哲学观点在园林创作方面的反映。

天与人的关系，是中国哲学领域古老的命题，它反映了中国古代哲学思想的发展和深化。在几千年的争论中形成两种观点：即天人相合与天人相分或天人相调。

前者认为自然现象与社会现象相冥合。战国阴阳学派驺衍将天意与人事现象直接联系起来，认为"凡帝王之将兴也，天必先见祥乎下民"（《吕氏春秋·应同》引《驺子》文）。汉代武帝时期，董仲舒发动了一场造神运动，将天上的神权与人间的皇权联系起来，提出"事应顺于民，民应顺于天，天人之际，合而为一"（《春秋繁露·深察名号》），他认为在社会人事的变动之前总要有某些自然现象的出现，"臣谨按，《春秋》之中，视前世已行之事，以观天人相与之际，甚可畏也"（《汉书·董仲舒传》）。天人相分或天人相调，这种观点主要是把天看成自然规律。较早提出这一论点的是管子，他在解释五行说

时强调“人与天调，然后天地之美生”（《管子·五行》），主张人应顺应自然规律。战国时期发展为对天道、地道、人道的探讨，概括为“三才说”，所谓“立天之道，曰阴与阳；立地之道，曰柔与刚；立人之道，曰仁与义。兼三才而两之，故易六画而成卦”（《易·说卦》）。荀子发挥了这一学说，他主张“明天人之分”（《荀子·天论》），他认为自然规律和人的职能应区分开来，“天能生物，不能辨物，地能载人，不能治人”（《荀子·礼论》）。他把此三者联系起来，指出：“天有其时，地有其财，人有其治”（《荀子·天论》），强调“制天命而用之”和“应时而使之”（同上）。至唐代，柳宗元提出天人不相预，认为“生植与灾荒，皆天也，法制与悖乱，皆人也，二之而已。其事各不相预”（柳宗元《答刘禹锡〈天论〉书》）。刘禹锡发展了天人学说，认为天与人“交相胜，还相用”，既相互排斥，又互相作用，主张“能执人理，与天交胜，用天之利，立人之纪”（《天论》），这里已包含把天与人视为辩证统一的关系。

第一个从哲学思维上给“天人合一”以全面解释的是宋代哲学家张载，他在《正蒙·乾称》中说：“儒者因明致诚，因诚致明，故天人合一，致学而可以成圣，得天而未始遗人”，这里他把人正确认识客观规律称为“天人合一”，是上述刘禹锡《天论》对天人辩证关系认识的进一步发展。

中国哲学史上这一命题对中国古代园林发展有重大影响。从园林史角度探讨天人关系，视天为上帝、神仙，人为帝王。中国古代园林滥觞于周文王之灵圃，中有灵沼、灵台等，既是诸侯游猎之所，也是祭天之地，与帝王封禅之意相同。天与人通、奉天承运的宗旨，加上帝王企图长生不老的求仙思想，反映在帝王宫室园圃中，表现为对“天人合一”的追求。如秦始皇“筑咸阳宫，因北陵营殿，端门四达，以则紫宫，象帝居。渭水贯都，以象天汉；横桥南渡，以法牵牛”（《三辅黄图·咸阳故城》）；汉武帝筑昆明池“中有二石人，立牵牛、织女于池之东西，以象天河”（《三辅黄图·池沼》转引《关辅古语》）；特别是战国末期，由于方士们宣扬海外仙山，秦始皇开始在园林中仿造仙山琼阁以后，“一池三山”便成为中国造园的模式，这都是“天人合一”哲学思想对园林的影响。

而从园林艺术角度探讨天人关系，天为自然，人为人工。中国古代造园，既是自然的再现，又是园林诸要素（山水、植物、建筑等）的重新组合，因此追求的是天然之趣与人工之美的巧妙结合。在造园中“大都自然胜者，穷于点缀。人工极者，损其天趣。故野逸之与浓丽，往往不能相兼”（袁中道《游太和记》），故明末造园家计成提出的：“虽由人作，宛自天开”，也是一种“天人合一”的哲学思想在园林艺术理论上的体现。

因此传统园林艺术理论中，把参与园林创作的两方面最基本的因素归纳为“天”和“人”。 山、水、树、石和除人以外的生物以及天时、地理、气候、天气等自身及其变化规律都概括为“天”。而把本来也属于自然界的成员，但能用思维和劳动创造物质财富和改善环境的“人”从自然界相对地分离出来，成为矛盾的另一方面。人类的社会是艺术的生活源泉，而人类园林建设并不满足纯粹的自然和现实的生活，而是要创造两者相结合的艺术美，亦即今天常用的术语，风景资源和人文资源的结合。这是中国文化传统和其派生的园林艺术所特别强调，并赖以取得成功艺术效果的重要之理。在处理天和人这一矛盾的两方面时，强调人对于天的主观能动性，提出“人杰地灵”、“景物因人成胜概”和“巧夺天工”等概念。《园冶》明木刻版在书首就有“夺天工”三个大字，这表示经过人的艺术创作活动，要比纯任自然的景观还要理想，因此有人称为“人化自然”。这些观点和对“天”的唯心主义解释是截然不同的。不是天决定人的命运，而是人不满足于现实的自然，而要创造更理想的艺术境界。

“虽由人作，宛自天开”并非完全出于不得已才人作，而是认为经过人的不同程度的艺术加工可以将园林景观提升到更高境界而更称人心。但结合天然条件的人为加工要力求外貌的自然化，若天然生成的一样，亦即，在园林的景观外貌方面要极尽自然，而寓于“形”中的“神”则要极尽人文美，使本来并不具有“情”的景物，通过“迁想”和“移情”的作用而变得神形兼备、情景交融，达到尽可能的完美。在这种认识指导下的创作方法，便是“外师造化，中得心源”，把主观和客观两方面的矛盾统一起来。以杭州西湖为例，天赋的风景资源当然是很好的，三面湖山一面城。南山和北山伸臂环抱一平如镜的西湖，而高耸的南北两峰对峙于湖的南北。西面山林间又蕴藏了飞来峰（图50）、烟霞洞（图51）、玉泉（图52）、虎跑泉（图53）这些泉石奇景。孤山作为北山余脉由伏而起，孤峙于湖之北并将西湖分割出里、外西湖（图54），成为背山面湖、坐北朝南的中峰独秀，的确是得天独厚的山水风景资源。但另一方面也必须看到，这些天然风景资源并不是完美无缺的，它们本身并不能产生耐人寻味的诗情画意，而达到“赏心悦目”的艺术效果。比如湖面虽大却缺少分隔和层次的深远感，因之空旷有余而幽婉不足；因海水退出而形成的西湖由于水土流失和水草丛生，水浅而不够鲜洁，以及湖之南北两岸缺乏应有的交通联系。因此，朝廷对历年来杭州的官吏，都视其疏浚西湖的成效来评定其功绩。由于苏东坡等有识官员兴修水利，才有“苏

51

50

飞来峰

（孟兆祯 / 摄）

51

烟霞洞

（陈云文 / 摄）

52

玉泉

（陈云文 / 摄）

50

52

53

54

53

虎跑泉

（陈云文／摄）

54

西里湖、北里湖和外湖

（陈云文／摄）

堤横亘白堤纵”的景观效果（图55），南北沟通、湖分里外，风景的层次就丰厚多了，因西湖水流自西而东，故苏堤架六桥通水，植柳护岸，构成“苏堤春晓”景区。挖湖后就近堆岛平衡土方，先做主岛小瀛洲于湖之西南，为了控制水源、避免生葑，修建三座石塔为标记，从而产生“三潭印月”景区。由于此岛外围环堤，内留湖面以十字交叉的内堤分隔，形成山中有湖、湖中有岛、岛中有湖的多层包围结构的山水间架（图56）。次建湖心亭岛于北面，最后才建阮公墩。三座岛并非同一朝代所建，而三岛的主、次、配的关系是合宜的。疏密有致的间距和尺度、比例的协调宛若一次规划所成，这说明历代的园林建设是在继承中发展的。交替接力于同一远景，经过几番人为的

55
杭州西湖
（陈云文／摄）

加工，西湖风景的素质大为提高。

不仅风景的宏观因人成胜概，风景的微观也莫不因人利用天然而成。飞来峰原只有表层岩层不同于附近山体的现实特征，不是砂岩而是石灰岩；并有两股泉水绕山合流而去，其中一股为地下泉；加以林木深郁而已。经印度僧人慧理说此山由印度飞来，而有飞来峰的景名。印僧为证明他的说法，呼来黑白二猿从而形成“呼猿洞”。因从地下涌现出的泉水水温较低而称“冷泉”，因而文人墨客即兴问答，诞生了如“泉自几时冷起，峰从何处飞来”的提问和“泉自冷时冷起，峰从来处飞来”的以不答为答的佳话，并建了冷泉亭，令人游兴倍增。因苏东坡诗中有“春淙如鼙雷”的描写，继而兴建了“鼙雷亭”，两水合流处也自然建成“合涧桥”，这充分体现了“文因景生，景借文传”的道理。加以“天下名山僧占多”而兴建了与飞来峰互成对景的灵隐寺，又利用天然石洞制作摩崖石刻，自然风景便因赋予人文美而令人流连忘返了。西湖这个名称固然因湖在城西，但更因苏东坡诗中“欲把西湖比西子，淡妆浓抹总相宜”的绝世佳人之喻，故扬名天下。人的创造活动充分利用自然基础进行适当加工，形成天人交织的风景名胜，而且越积累越丰富，因此苏东坡得出了“西湖天下景，游者无愚贤，深浅随所得，谁能识其全”的结论。风景名胜如此，城市山林则人为加工的程度就更大。可见，从“天人合一”的哲理引申出的园林至理“虽由人作，宛自天开”是以人为主体。为人而设、为人所用、以人情寓入景物便使园林更符合人的理想，同时又注重自然条件，在利用的基础上加以适当改造，发挥天和人两方面的积极性，这是十分科学的，也是行之有效的。

56
三潭印月
（陈云文／摄）

二、反映在山水和地形、地貌景观方面的哲理

世界各国无一国无山水，有的甚至是很美的，但有山水的地方不见得都会产生山水画和自然山水园。中华民族在特定的自然和历史条件下创造了田园诗、山水画和自然山水园，它们在中华民族的文化体系中一脉相传，派生分衍，彼此间有着千丝万缕的关系，共同接受了古代哲理的影响。

（一）君子比德于山水

在中国人看来，山水的含义绝不仅是字典中所解释的“地面上的隆起部分”和“江湖海的总称”，这些只是山水的一般含义，只是事物的外表。由于在长期的自然斗争和生产斗争中人和山水的接触，人们由感性而理性，由自然科学和人文科学概括出了山水的哲学概念，然后又反过来给山水创作以深远的影响。人们寄情山水，而且提出“志在山水”（北京樱桃沟泉源石上题刻）。人把山水作为崇拜和学习的对象来看待，但不是神，而是人；又不是一般人，而是品德至高无上的君子。

儒学的创始人孔子很喜欢观山览水。他在回答学生子张所问“仁者何乐于山也”时说，山“出云雨以通乎天地之间，

阴阳和合，雨露之泽，万物以成，百姓以飨”。西汉哲学家董仲舒继承了儒学的美学思想。在《春秋繁露·山川颂》中说：“山则巃嵸藟摧，嵬崔嶵巍，久不崩阤，似夫仁人志士。”孔子曰：“山川神祇立。宝藏殖，器用资，曲直合。大者可以为宫室台榭。小者可以为舟舆桴楫。大者无不中，小者无不入。持斧则斫，折镰则艾，生人立，禽兽伏，死人入，多其功而不言，是以君子取譬也。且积土成山，无损也；成其高，无害也，成其大，无亏也。小其上，泰其下，久长安，后世无有去就，俨然独处，惟山之意。”《诗经》云：“节彼南山，惟石岩岩，赫赫师尹，民具尔瞻。”此之谓也。《荀子·宥坐》载：孔子观于东流之水，子贡问于孔子曰：“君子之所以见大水，必观焉者，是何？”孔子曰：“夫水者，君子比德焉。偏于诸生而无为也，似德；其流也埤下，裾拘，必循其理，似义；其洸洸乎不淈尽，似道；若有决行之，其应佚若声响，其赴百仞之谷，不惧，似勇；主量必平，似法；盈不求概，似正；淖约微达，似察；以出以入，以就鲜洁，似善化；其万折也必东，似志。是故君子见大水必观焉。”董仲舒在《春秋繁露·山川颂》中做了些补充：“水则源泉，混混沄沄，昼夜不竭，既似力者；盈科后行，既似持平者；循微赴下，不遗小间，既似察者；循溪谷不迷，或奏万里而必至，既似知者；障防山而能清净，既似知命者；不清而入，洁清而出，既似善化者；赴千仞之壑，入而不疑，既似勇者；物既困于火，而水独胜之，既似武者；咸得之而生，失之而死，既似有德者。”孔子在川上曰：“逝者如斯夫，不舍昼夜。”此之谓也。即把水视为包括德、义、道、法、正、志、力、持平、察、智、知命、善化、勇、武等的化身，是最理想的君子。这些哲学和美学思想对文学绘画乃至园林起了决定性的历史影响。我国从肇自周代的灵圃开始用山水，灵台有与山相同的祭祀、眺景等功能，灵沼即水体。后来一直以自然山水园代代相传，直到作为一种园林的体系和民族形式固定下来，都是接受了“人化自然”的哲理的结果，并在其他领域内产生影响。江山成为国家、社稷和政权的同义语。最高尚的音乐是“高山流水”的山水清音，因此帝王宫苑中的戏楼多取名清音阁；最高境界的画也是山水画，而山水又与人心相通。这是富于浪漫主义色彩的艺术观，中国园林“寓教于景”的特色由是而来。

（二）知者乐水，仁者乐山。知者动，仁者静。知者乐，仁者寿

中国古代帝王宫苑中的山，无论是天然生成或人工筑山，以万寿山或万岁山命名者甚多。历史上掀起造园高潮的北宋艮

岳称万岁山，因地居宫城东北而得名艮岳；元代北京北海的琼华岛也称万岁山；明代北京紫禁城的屏扆也叫万寿山或万岁山，后才改称景山；清代清漪园中的西山余脉也称万寿山。因为朝代虽有交替，而作为统一的哲理却一直因循相传，究其根源便是孔子说过："知者乐水，仁者乐山。知者动，仁者静。知者乐，仁者寿。"（《论语·雍也篇》）由于封建帝王都把自己看作是最高的仁者，以其乐山，标榜以仁，作为国君要像山那样沉静，当然也向往寿比南山。因此唯帝王宫苑中的山才能称万寿山，就是王公大臣也不能逾制。仁者乐山和君子比德于山是完全相通的，刘宝楠在《论语正义》中说，所谓"仁者乐山"就是"言仁者愿比德于山，故乐山也"。水动山静亦客观可见的规律，故有"动观流水静观山"之说。但山与寿联系在一起，这不仅由于成山的年代久长，更由于古代的中国人民在自然和生产斗争中对山的一种特殊的认识。上古时曾有洪水为灾，传说鲧用堵截法治水失败，而禹用疏导法治水成功。用疏浚的泥土堆起人工土山，洪水来时人们因爬上自然山或人造山而获救。在人们印象中，山便是救命的仁人。孔子说过："民之于仁也，甚于水火，水火吾见蹈而死者多，未见蹈仁而死者也。"《尚书·禹贡》载："桑土既蚕，是降丘宅土。"说明洪水之时民居丘上，水灾过后，于是得下丘陵居平土。郑玄注：

“此州寡于山，而夹川两大流之间，遭洪水，其民尤困，水害既除，于是下丘居土以免于死。尤喜，故记之。”可见人工造山是以治水和农田水利建设为发端的，并不是一开始就为园林造景筑山。由于在生产、生活斗争中对山产生了认识，崇敬非常，因此人工造山也被视为好事，故孔子说：“譬如为山，未成一篑。止，吾止也。”后来引申为“为山九仞，功亏一篑”。就这样山便和仁、寿相联了。所以《韩诗外传》中也讲：“仁者何以乐山？山者，万物之所瞻仰，草木生焉，万物殖焉，走兽伏焉。生万物而不私，有群物而不倦。出云导风，天地以成，国家以宁，有似夫仁人志士。此仁者所乐山也。”

值得着重指出的是，儒、道在崇尚自然方面是比较统一的。加以我国早期的山水画家东晋至南北朝时期的宗炳（375—443）在山水画论中，把儒家“仁者乐山”的思想和道家“游心物外”的观点融合为一体，用以作为欣赏自然和山水画创作的主导思想，将绘画的思想境界提高到哲学的高度。他在《画山水序》中说：“圣人含道映物，贤者澄怀味象，至于山水质而有趣灵。是以轩辕、尧、孔、广成、大隗、许由、孤竹之流，必有崆峒、具茨、藐姑、箕首、大蒙之游焉，又称仁智之乐焉。夫圣人以神法道，而贤者通。山水以形媚道，而仁者乐。不亦几乎？”中国古代的造园家多是能诗善画的文人，即使掇山匠师也都精通书画。于是这些哲理就随着诗情画意而写入园林，园林便成为以空间为纸，以山、水、树、石、屋为笔墨，富于文人诗画情意的环境艺术创作了。

（三）圆明园的“九州清晏”和驺衍的宇宙观

清代所建北京圆明园的主要景区是“九州清晏”，意即天下太平。这是因为作为帝王，有“普天之下莫非王土”的占有欲，并要以园林艺术的形式来表现。物质的宇宙和世界何其博大，偌大天下，土地要缩小到有限的园地中是不可能也不必要的，这就必须借助于概括。园林中的九州是中国版图的艺术再现，而中国版图又是借战国末期哲学家驺衍的哲理来的。

驺衍（约前 305—前 240）是战国著名哲学家和阴阳家的代表人物，为齐国人，曾周游魏、燕、赵等国，受到诸侯“尊礼”。他的研究方法是“必先验小物，推而大之，至于无垠”，提出“大九州说”。他称中国为赤县神州，为“小九州”，是全世界八十一州中的一州。每九州为一集合单位，称“大九州”，有小海环绕。九个“大九州”另有大海环绕。再往外便是天地的边际。他认为天是圆的，地是方的，故人们都是“履方顶圆”。关于九州的神话传说在古代亦有不少。《尚书·禹贡》

载：“禹别九州，随山浚川，任土作贡。禹敷土，随山刊木，奠高山大川。”意即就国土分其境界。《周公职录》说：“黄帝受命风后，受图，割地布九州。”于是产生禹制九州贡法，并定下高山五岳和大川、四渎。正是在这些思想的影响下形成我国最早的版图和国土规划。根据《周礼·夏官·职方氏》介绍：“东南曰扬州……正南曰荆州……河南曰豫州……正东曰青州……河东曰兖州……正西曰雍州……东北曰幽州……河内曰冀州……正北曰并州。”《疏》：禹贡有青、徐、梁。无幽、并，是夏制。可见历史九州之制是大同小异的。如把《禹贡九州图》与圆明园“九州清晏”景区的平面图相对照，可以发现二者之间的渊源关系（图57）。只不过“九州清晏”为了表现驺衍宇宙观以海为心和外环大海的思想，将相当于豫州的部分取出布置在西南角，这样中心空处便成为象征海的“后湖”了。

九州的内容和版图还不足以作为“九州清晏”景区创作的全部依据，还必须把驺衍学说中“海”与“州”的关系用山水间架表达出来。圆明园这块地面原称“丹陵沜”，顾名思义，是一片具有零星水面的沼泽地。根据这种原地形的地宜，作者按“外师造化，中得心源”的艺术创作方法，选择了古代相当于现湖南、湖北邻界部分的“云梦泽”，它是古代著名的大湖泊，云梦泽由支流汇聚成大湖面和河湖交接形成各种港汊。与

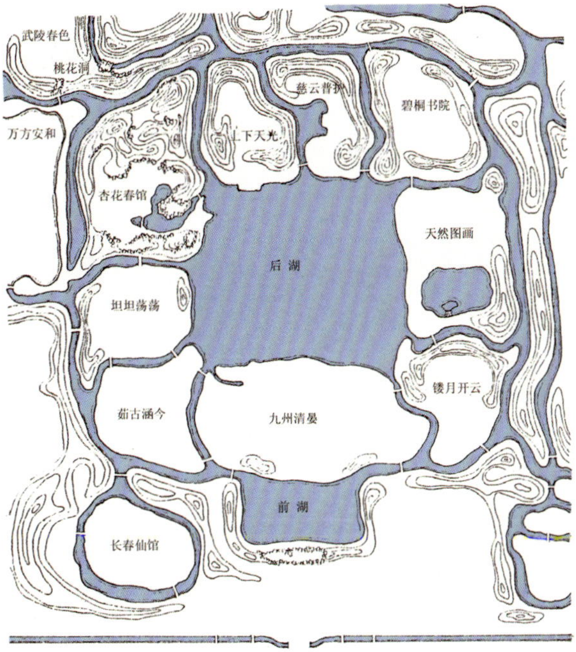

57
“九州清晏”平面图
（图片引自孟兆祯《园衍》）

“九州清晏”水系所借的天然模式两相对照，其间渊源的关系是十分清楚的。

（四）一池三山制与“山不在高，有仙则名；水不在深，有龙则灵”的美学思想

在中国帝王的山水宫苑中，池中为山是很普遍的做法，而池中山岛之数多为三座，也有五座的。自秦至清，历代相传。山岛虽因环境不一而呈“多式”，但所赖以制约的“法”却是同出一源。“一法多式”或“一法多用”是中国文化艺术的通理之一。帝王在长生不死方面的追求超过常人，从秦始皇开始访道寻求仙山、仙草，他曾派方士徐福去东海寻找仙山，当然一无所得。但这种追求也反映在山水园的兴建中。秦始皇引渭水做长池，并在上林苑中做蓬莱山。汉武帝相继仿造并历代相传。据《列子·汤问》载，渤海之东有岛，“一曰岱舆、二曰

员峤、三曰方壶、四曰瀛洲、五曰蓬莱。……其上台观皆金玉。其上禽兽皆纯缟。珠玕之树皆丛生，华实皆有滋味。……所居之人皆仙圣之种。”由于在传说中漂走了两座仙岛，故一般称蓬莱、方壶、瀛洲为三座神山。这是产生“有仙则名”的一个因素。

若论大陆上的山，则以五岳名声最大。所谓“岳”即指供祭祀的大山，这就是古代帝王的“封禅”活动。《路史》中有“天皇上帝镇立名山，各有所属分野”之说。帝王为表明君权神授和显示政权，约每五年举行封禅。封即祭天，禅即祭地。传说中封禅者有万余家，有史可考者，秦始皇首封泰山，历代皇帝继登泰山。泰山名声大振。此产生“有仙则名”的因素之二。

神仙依赖寺庙供奉，而古代的山林寺庙并不仅是单纯的宗教建筑。寺庙既要远离尘世，而经济上又必然仰仗善男信女和旅游者的施舍。因此寺庙选址必求风景优美的山林地，以此吸引游人和信徒，这才出现了“天下名山僧占多”之说，因此寺庙也是旅游建筑和风景建筑。在飞来峰建灵隐寺，山和寺都相得益彰，知名度也就高了。实际上，神仙是不存在的，寺庙是有的，寺庙仰仗于人，名山也是因人成胜概。

三、反映在风景园林建筑方面的传统思想

（一）延南薰与扇面殿

中国风景园林建筑的平面和造型都十分丰富，但它们并不都是单纯的几何形体，而是借某种相应的几何形体来表达内在的意境。就以北京北海琼华岛北山坐落在中轴线上的“延南薰”为例，其所采用的扇面亭形式是有其渊源的，这和颐和园“扬仁风”的扇面殿同出一源。相传虞舜弹五弦琴唱《南风歌》。《孔子家语·辩乐篇》载此歌：“南风之薰兮，可以解吾民之愠兮。南风之时兮，可以阜吾民之财兮。”因为这是表达风调雨顺，君爱民的歌，而三皇五帝都是古人心目中有道明君，反映了天与人合的古老哲理。故清代帝王做扇面亭殿表示要延续和扇被仁风。根据这一说法也同样可以了解“扬仁风”的含义。据《晋书·袁宏传》载袁宏答谢安临别赠扇时也说：“奉扬仁风，慰彼黎庶。”南薰便有了恩育万物、普养万民的意思了。

（二）静含太古

向往远古，取法先王，是中国 ·个重要传统思想。承德避暑山庄有“静含太古山房”的景点（图 58），北京恭王府有“静含太古”的额题。在此，作为形容词的“静”包含平静、安

详、贞静等多方面的意义，即把太古视为高洁、平静的时代，引人发思太古之幽情，这种寓教于景的做法也受某些哲理的深远影响。“太”是中国的哲学术语，表示至高、至极。太古亦即太上，即远古时代。《晋书·应贞传》说：“悠悠太上，人之厥初。”《汉书·盖宽饶传》也说：“乃欲以太古久远之事匡拂（弼）天子。”因此，太古的人被认为是品德至高的圣人，太古的帝王则更是圣明之君，认为三皇五帝历代有道。这些无论是史实，还是传说，都给后世以很大的影响。

就以承德避暑山庄而论，有不少景点都寓有“静含太古”的内容。乾隆继其祖兴建正宫以后，又在德汇门内建了东宫，东宫最后一座殿堂取名“卷阿胜境”（图59）。殿南东西两侧有土山两卷合抱于前。这是“卷”做“曲”解，“阿”指山。卷阿原在陕西岐山之麓。《诗经·大雅·卷阿》形容说：“有卷者阿，飘风自南。”卷阿胜境说的是周时，召康公随成王游于卷阿之上。成王作歌，召康公即兴作《卷阿》和之以告诫成王，要成王求贤纳士。这一段几千年前君臣间的唱和包括忠君、爱臣和爱民的思想内容，而清代帝王将古喻今，将东宫临湖的尽端建筑立意为“卷阿胜境”，其用意自然便很容易理解了。又如位于山区松林峪西尽端的“食蔗居”，背山傍溪（图60）。在临溪涧处有一所两间的建筑取名“小许庵”，许即许由。许由

58
“静含太古山房”复原图
（图片引自天津大学建筑系、承德市文物局《承德古建筑》）

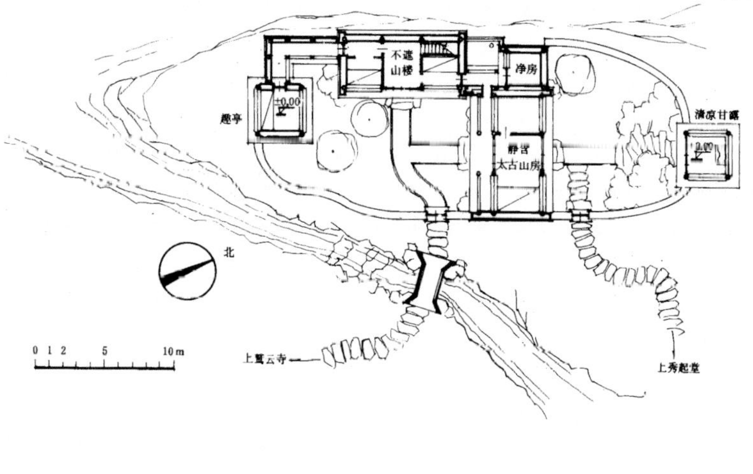

不遮山楼
净房
趣亭
±0.00
静含
太古山房
清凉甘露
0.00
北
0 1 2 5 10 m
上鹫云寺
上秀起堂

59

为上古高士，据义履方但不愿为官，因此隐于沛泽。尧帝因其子丹朱不肖，不愿将重任传子。听说有布衣之士许由很有贤才

60

59
“卷阿胜境”
（朱强 / 摄）
60
避暑山庄食蔗居模型
（图片引自天津大学建筑系、承德市文物局《承德古建筑》）

以后，他亲自访问许由并表达了自己愿意让贤的心意，许由不受而逃，并遁耕于箕山之下，颍水之阳。尧又追去召他为九州长。终因许由不仕，尧和许由便各奔前程。尧走后，许由唯恐耳受污染，便去溪边掬水洗耳去污以示高洁，适逢许由挚友巢父放牛来。巢父问知细情后牵牛去水之上游，意即我的牛也不

饮洗污耳之污水（参见《洗耳记》）。乾隆建小许庵也为表达求贤若渴、崇尚太古高洁品德的心意。

（三）知鱼桥和鱼乐园

在园林的水景中也有几个极为普遍的题材，用不同的园林艺术手法表现同一个内容，即“知鱼”和“鱼乐”。诸如无锡寄畅园的“七星桥”（图 **61**）、颐和园谐趣园中的“知鱼桥”（图 **62**）、北京北海的“濠濮间”等（图 **63**）。这些景色从表面形式上看只是鱼和水，但深深吸引人和耐人寻味的内容却是带有哲理的一段典故。即战国时两位著名哲学家庄子（庄周，约前 369—前 286）和惠子（惠施，约前 370—前 310）的对话。据《庄子·秋水》记载：“庄子与惠子游于濠梁之上。庄子曰：‘鲦鱼出游从容，是鱼之乐也。’惠子曰：‘子非鱼，安知鱼之乐？’庄子曰：‘子非我，安知我不知鱼之乐？’”因此，后世用以比喻别有会心处和自得赏心悦目之乐的境界。《世说新语·言语》载：“简文帝入华林园，顾谓左右曰：‘会心处不必在远。翳然山水，便自有濠濮间想也。觉鸟兽禽鱼自来亲人。’”因此在园林中广为流传。颐和园中谐趣园的知鱼桥又在这个境界的基础上，发挥了知鸟乐和知水草乐的意境，故知鱼桥石坊有联曰：“回翔凫雁心含喜，新茁萍蒲意总闲。”

61

62

63

61
寄畅园七星桥
（朱强 / 摄）
62
颐和园谐趣园
知鱼桥
（朱强 / 摄）
63
北海濠濮间
（朱强 / 摄）

（四）万方安和

“万方安和”是圆明园“九州清晏”中“杏花春馆”西邻的一所园林建筑。筑室小湖中，位于矩形小湖之东北。西北、东北、东南三面有桥与岸相通。“万方安和”立意同“九州清晏”，可以说是同义语，但表现的手段和形式又不同于九州清晏。万方亦即万邦，指各方诸侯。《尚书·汤诰》谓：“诞告万方”，引申的含义指全国各地。其建筑平面呈“卍”字形，亦为万字的异形字。“卍”字亦包括佛教的哲理，它是释迦牟尼胸上的吉祥符号，有佛光普照和万福的意思。这座建筑面南的正室有“万方安和”的额题，建筑共33间。各面阔一丈四尺（约4.7米），外周廊各深四尺（约1.333米）。由于建筑的特殊平面组合，可纳东南凉风而拒西北寒风，因此冬暖夏凉，临水穿风。所以雍正很喜欢在此居住和休息。这说明其立意、造型和建筑的使用功能是统一的。

四、园林植物布置方面的哲理和隐喻

中国传统园林的植物布置也不仅单纯从绿化的功能着眼，只借植物遮阴、防尘和阻止视线，更着眼于赋予植物的一些情意，要求凝诗入画，赏心悦目。正如《园冶》所谓："花木情缘易逗""桃李不言，似通津信"，而这些情意也或直接或间接地接受了一些哲理和美学思想的影响，用得比较普遍的是"托物言志"和"洁身自好"，利用植物表达园主的性格和思想感情。不仅山水、建筑可以人格化，植物也可以人格化，而且细腻入微。康熙在《避暑山庄记》里强调说："至于玩芝兰则爱德行，睹松竹则思贞操，临清流则贵廉洁，览蔓草则贱贪秽，此亦古人因物而比兴，不可不知。人君之奉，取之于民，不爱者即惑也。故书之于记，朝夕不改，敬诚之在兹也。"由此可见一斑。

（一）松柏——长青

从造字而言，认为松为百木之长而且公，故木字旁从公。《尚书·禹贡》："岱畎丝、枲、铅、松、怪石。"可见松树很早就作为泰岱地区的贡品了。《诗经·小雅·天保》谓："如松柏之茂，无不尔或承。"古代在祭台四周种社木，传说夏后氏以松为社木。《论语》有一段话对后世影响尤深："岁寒然后知松柏之后凋也。"我国古代神话《山海经》载："大荒之中有万山，上有青松，名曰拒格之松，日月所出入也。"因此也包含与日月同辉，地久天长之意。《庄子》说："受命于地，惟松柏独也正。在冬夏青青。”《荀子》也说：“岁不寒无以知松柏，事不难无以知君子。”由于很多典籍和著名哲学家以文相传，逐渐形成人们所普遍承认的“松柏长青”“松鹤延年”等概念。故皇家园林中经常出现“万壑松风”“松鹤斋”等景点，也产生松、竹、梅并列的“岁寒三友”之说，北京乾隆花园中的“三友轩”正立意于此。

（二）竹——君子

《广群芳谱》说竹“贯四时而不改柯易叶。其操与松柏相等”。《晋书·王徽之传》载：“时吴中一士大夫家有好竹，（徽之）欲观之。便出坐舆造竹下，讽啸良久。主人洒扫请坐，徽之不顾。将出，主人乃闭门，徽之便以此赏之，尽欢而去。尝寄居空宅中，便令种竹，或问其故，徽之但啸咏，指竹曰：‘何可一日无此君耶？’”唐白居易《养竹记》更详尽地阐述了竹为君子的理论：“竹似贤，何哉？竹本固，固以树德；君子见其本，则思善建不拔者。竹性直，直以立身；君子见其性，则思中立不倚者。竹心空，空以体道；君子见其心，则思应用虚受者。竹节贞，贞以立志；君子见其节，则思砥砺名行，夷险一致者。夫如是，故君子人多树之，为庭实焉。”诸如此类的理论还有很多，如“未出土时已有节，纵凌空处尚虚心”，

“宁可食无肉，不可居无竹。无肉令人瘦，无竹令人俗”等诗句。正因为竹子具有高雅的含义，因此在名园中运用很广。宋徽宗在《艮岳记》中载，北宋寿山艮岳“（景龙江）北岸万竹，苍翠蓊郁，仰不见明。有胜筠庵、蹑云台、萧闲馆、飞岑亭。无杂花异木，四面皆竹也”。《洛阳名园记》载富郑公园、苗帅园、董氏西园均有大片竹林胜景。园林中竹石相配合的景色也有很多，如苏州沧浪亭在竹林中置七块山石以成“竹林七贤”之景，也是颇有哲理依据的。

（三）梅花——香自苦寒来

梅花兼有色、香、味、形之美，尤以清香为最。但梅花之香来之不易，是它和酷寒抗争的结果，这里面实际上寓有“先难后得”的哲理。《谈撰》谓：“卉木皆感春气而生，独梅开以冬。”《癸辛杂识》从形态学方面，说明了一些耐寒的原因：“梅花无仰开者，盖亦自能巧避风雪耳。验之信然。”历代咏梅诗画多以冰雪相衬，有孤身傲霜的性格，故推群芳之首。《事词类奇》说：“水陆草木之花，香而可爱者甚众。梅独先天下而春。故首及之。”梅香之特色为冷香。宋杨东山《梅花说》：“林和靖咏梅，‘疏影横斜水清浅’二句，此为梅写真之句也，梅之形体也。‘雪后园林才半树’二句，此为梅传神之句也，梅之性情也。写梅形体，是谓写真；传梅性情，是谓传神。”周之翰《爇梅文》赞梅花：“形如枯木，棱棱山泽之臞，肤若凝脂，凛凛冰霜之操。”明刘基《友梅轩记》更把梅花人格化：“人不可以无友，彼将何所取哉？梅，卉木也，有岁寒之操焉，取诸人弗得矣。舍卉木何取哉？且此物非徒取也，凌霜雪而独秀，守洁白而不污，人而象之，亦可以为人矣。”但花如人一样，不得以己之优去比人之劣，故又有一寓意深刻的楹联：“梅须逊雪三分白，雪却输梅一段香。”我国无论风景名胜区还是园林种梅都很普遍。杭州孤山林和靖故居和墓地附近广植梅花，以烘托林和靖的梅妻鹤子。松、竹、梅因此作为岁寒三友，万代流传。

（四）荷花——出淤泥而不染

《广群芳谱》谓荷花：“花生池泽中最秀。凡物先花而后实，独此花实齐生。百节疏通，万窍玲珑，亭亭物表，出淤泥而不染，花中之君子也。”《爱莲说》谓：“水陆草木之花，可爱者甚蕃。晋陶渊明独爱菊；自李唐来，世人甚爱牡丹；予独爱莲之出淤泥而不染，濯清涟而不妖，中通外直，不蔓不枝，香远益清，亭亭净植，可远观而不可亵玩焉。予谓菊，花之隐逸者也；牡丹，花之富贵者也；莲，花之君子者也。噫！菊之爱，陶后鲜有闻；莲之爱，同予者何人；牡丹之爱，宜乎众矣。”周敦颐的《爱莲说》在风景园林中的影响是很大的，英雄所见略同的文人雅士，特别是失意于官场的士大夫阶层大有人在，因这很符合古时“洁身自好”的处世哲学，最典型的如苏州拙政园的创建园主明正德年间（1506—1521）御史王献臣。他因仕途不得志，便以西晋潘岳自比，借潘岳《闲居赋》中：“庶浮云之志，筑室种树，逍遥自得。池沼足以渔钓，舂税足以代耕。灌园鬻蔬，以供朝夕之膳；牧羊酤酪，以俟伏腊之费。孝乎惟孝，友于兄弟，此亦拙者之为政也。”园因此名“拙政园”。拙政园以水景为主，筑室多面水，中心建筑也多以荷莲为隐喻，其堂名“远香堂”（图 **64**）。堂西侧辅弼的轩称倚玉轩（图 **65**），曾见有说因附近种竹而名。实际上，“玉”亦可

64

65

喻荷，荷叶如翠盖凌波，《园冶》谓“红衣新浴”，是赞美出水芙蓉，而“碧玉轻敲”，则是咏荷叶承雨露的美感。湖中三通堤岛上的六角亭名“荷风四面”（图 **66**）。其南石舫名“香洲”，指荷香之洲，亦即纯真、高洁和理想的境界（图 **67**）。远香堂对面土山上的“雪香云蔚”被解释成种梅和以冬景为主的景区也是值得商榷的（图 **68**）。我认为实是以莲花为主题的。先就时令而论，什么季节“云蔚”呢？春雨连阴；秋高气爽，万里无云；冬日晦涩，天空浓密。唯有夏季才是蓝天白云，而“雪香”所指为白色荷花之香。在北京圆明园内还有一处根据《爱莲说》建立的“濂溪乐处”，这是赏荷的专类园。为了给游赏者提供良好的观赏点，在主岛东面做水廊突出水面，围水成院，坐廊可俯览。此廊即名“香雪廊”，足见香雪可喻白莲。

64
远香堂
（边谦／摄）
66
倚玉轩
（边谦／摄）

66

66

荷风四面亭

（边谦 / 摄）

67

香洲

（边谦 / 摄）

68
雪香云蔚亭
边谦 / 摄

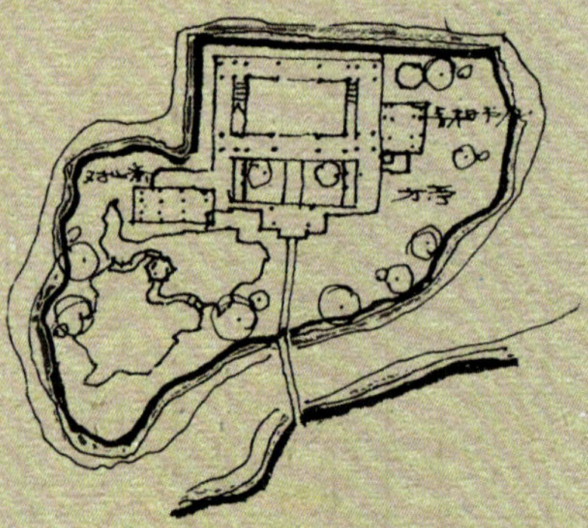
对山斋

3. 假山浅识

中国古典园林以自然山水园著称，这就决定了假山成为中国园林的主要组成部分。今天，当我们需要创建具有社会主义内容和民族形式的新型园林的时候，很有必要对假山进行一番研讨，使之“古为今用”。

假山，是指以造景为主要目的，充分结合其他多方面的功能作用，以土、石等为材料，按照对自然山水加以概括和提炼的艺术手法，用人工再造山石景或山石水景的统称。对于不具备山形的零星山石的布置，则称为“置石”。置石可分为特置、散置和群置。假山因材料不同可分为土山、石山和土石相间的山。后者因土、石比例不同又可分为土山带石和石山带土。长期以来，我国历代的园林匠师们吸取了建筑石作、泥瓦作的工程技术和中国山水画的传统技法，通过实践逐步融会贯通，创造了独特、优秀的假山技艺，值得我们发掘、整理，有批判地继承、借鉴和发扬。

一、假山的功能作用

人工造山是有目的性的。在中国古典园林中，造山和叠石是很普遍的，有“无园不石”的说法。这是为什么呢？因为中国园林要求达到“虽由人作，宛自天开”的艺术境界。尽管因为园主的游览活动需要，必然要建造一些体现人工美的建筑，但是，人工美必须从属于自然美，并把人工美融合到自然美的园林环境中去。假山可以具体地体现这种要求和愿望，所以广为运用。

具体而言，假山的功能作用可概括为以下五个方面：

（一）作为园林的地形骨架和主景

这对于采用主景突出的布局方式的园子尤为重要。诸如宋代苏州之沧浪亭、金代建中都时在太液池中所创之万岁山（今北京北海之琼华岛）、明代南京徐达王府之西园（今南京之瞻园）、上海之豫园、清代扬州之个园和苏州的环秀山庄等，都是以山为主，以水为辅，形成地形骨架和主景。其中建筑不占主要的地位，有的甚至成为点缀，这类园子实际上是假山园。

（二）作为园林划分空间和组织空间的手段

这在采用集锦式布局方式的园子中尤为明显，而且可以结合作为障景、对景、背景、框景、夹景等处理，诸如明清两代所经营之苏州拙政园、清代北京所建之圆明园和颐和园的某些局部处理等。中国园林善用“各景”的手法，根据使用功能和造景需要将园子化整为零地各命景题，因地制宜地形成不同功能和性格的景区。这就需要划分和组织空间。划分空间的手段很多，但利用假山划分空间是从地形骨架的角度来划分和组织，所以具有自然、灵活的特点，特别是用山水结合来组织空间，更富于变化。如圆明园“武陵春色”，从平面图上可以看出其利用土山组织景区空间的平面布置情况。山之起、伏、开、合和水之收放相结合，从而产生开朗、闭锁等多种空间的变化。再如颐和园仁寿殿和昆明湖之间的地带，处于宫殿区和居住、游览区的交界，因此造园者用土山带石的方式堆了一个假山，在分隔这两个空间的同时结合了障景处理，使空间先经过收缩再豁然开朗，这种利用土山做障景，运用欲放先收的造景手法，取得了很好的造景效果（图 69）。苏州拙政园入腰门后以假山做障景，远香堂以土山做对景等处理，都是结合空间划分和组合产生的效果。

（三）利用山石小品作为陪衬建筑物和点缀空间的手段

这种方法在江南私家园林中运用极为广泛。如苏州留园东部庭院的一些小空间，用山石花台划分庭院，用特置峰石点缀廊间转折处的小天井，以及用竹、石作为窗外的对景等。这样就丰富了建筑空间，使之生动和富于曲折变化，以达到“小中见大”的造景效果（图 70）。一块峰石的设置往往可以兼作几条视线的对景，这充分地说明了利用置石来点缀园景，具有“因简易从，尤特致意”的特点。

（四）山石具有实用方面的功能作用

山石还有实用方面的功能作用，如做驳岸、护坡、挡土墙和花台等。将山石在坡度较陡的土山上散置以作为护坡，可以阻挡和分散地面径流，通过降低地面径流的流速来减少对土山表面的冲刷；而在坡度更陡的地段往往分割成台地，中国园林的台地也有自然式的，因此用山石做挡土墙比较合适。一般土山带石的假山，也多用山石做成自然式的挡土墙，这样可以使

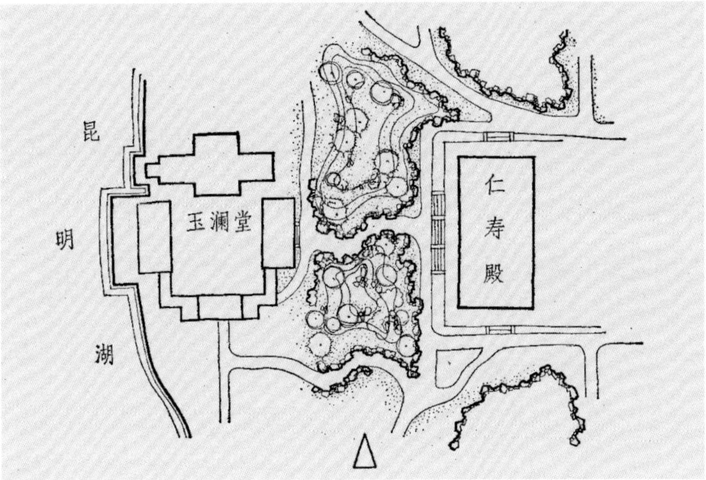

69

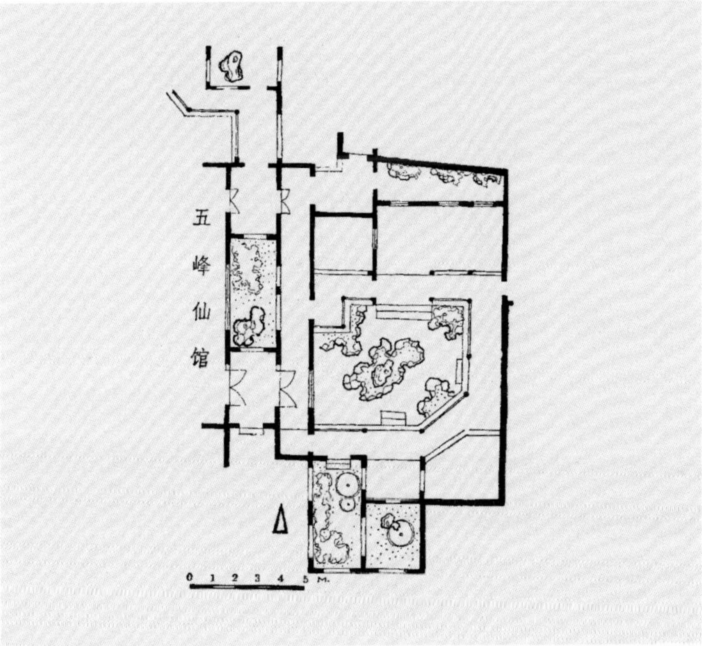

70

69
颐和园仁寿殿西土山
（孟兆祯／绘）

70
留园东部庭院平面示意图
（孟兆祯／绘）

土山缩小底面积而相对地增加了高度。颐和园仁寿殿西面的土山、无锡寄畅园湖面西岸的土山都是采用这种以石为藩篱的做法。江南私家园林很广泛地用山石做的花台组织庭院的游览路线或与壁山结合，这和某些篆刻艺术有异曲同工之处，即在规整的轮廓中创造自然、疏密的变化。

（五）作为室外自然式的家具和器设

山石可以作为室外自然式的家具和器设，如石屏、石榻、石桌、石几、石凳、石栏等，既不怕日晒夜露，又可结合造景。例如现置无锡惠山东麓唐代之“听松石床”（或称“偃人石”），床、枕兼备于一石。除此之外，山石还可以做园桥、汀石、云梯等。

值得着重指出的是，假山和山石的这些功能都是和造景密切结合的，可以因高就低，随势赋形。山石与园林中的其他部分诸如建筑、园路、场地和植物等组成丰富多变的园景，可以使人工建筑物或构筑物自然化，减少人工建筑物某些平板、生硬的缺陷，增加自然、生动的气氛，使人工美通过假山的过渡和自然环境取得协调。因此，假山成为表现中国古典园林最普遍、最灵活和最具体的一种传统手法。

二、假山的产生和发展

（一）假山始于秦汉

假山的出现是个渐变的过程，开始只是一些萌芽和雏形。周文王之灵台、灵沼利用掘沼之土做台，取其高敞而于其上再造建筑，这说明我国园林刚产生的时候并不知道用人工造山，但“台”的出现已经形成了产生假山的某些因素。这就是：平衡挖方、垒土，因其高敞而作为建筑的基址，以及与水面结合而起伏高低、相映成趣等。随着我国奴隶社会向封建社会过渡，铁制工具的产生推动了社会生产力的发展。由于大兴农田水利，开河道、挖沟渠的大量余土自然地堆积成山，加以树木野草的衍生就和真山相近了。《尚书》所载“为山九仞，功亏一篑”的比喻，说明大约在春秋末战国初的时候，即2500年以前，我国已有人工造山之事。由于当时造山的目的无从考证，只能说是假山的萌芽和雏形。到了秦、汉时的苑囿，封建帝王为了反映王朝的强盛威力和天子独尊的神圣意志，在苑囿中建造了有神话色彩的仙岛。《三秦记》载：“秦始皇作长池，引渭水，东西二百里，南北二十里，筑土为蓬莱山。”汉武帝建元四年（前137），在长安西郊建章宫太液池中也出现了秦始皇所向往的仙山，即蓬莱、方丈、瀛洲诸仙山（见《史记》

及《汉书》)，这是园林土山之始。此后，历代帝王因循“一池三山”或池中堆山之法。西汉时堆山除了平衡做池的土方以外，也在陆地上造土山。《汉官典职》载：“宫内苑聚土为山，十里九坂。”《后汉书》载东汉时“梁冀园中聚土为山以象二崤”，二崤为东崤、西崤，是当时的名山，说明当时造土山是仿真山的。兹后，南北朝至唐，苑囿园林造山仍以土筑为主。《西京杂记》载茂陵富人袁广汉“于北邙山下筑园，东西四里，南北五里，激流水注其内，构石为山，高十余丈，连延数里。养白鹦鹉、紫鸳鸯、牦牛、青兕，奇兽怪禽委积其间”。又载汉景帝的兄弟梁孝王筑兔园，“园中有百灵山，山上有肤寸石、落猿岩、栖龙岫、雁池。皆构石而成”，这便是园林石山之始。

《南史》载：“到溉居近淮水。斋前山池，有奇礓石，长丈六尺。梁武戏与赌之，并《礼记》一部。溉并输焉。诏即迎至华林园殿前。移石之日，都下倾城纵观。”这是特置山石见于史传之始。明代所绘《阿房宫图》上虽也有特置山石，但不足作为史证。《洛阳伽蓝记》载北魏张伦造景阳山的情况：“园林山池之美诸王莫及，伦造景阳山，有若自然。其中重岩复岭，嵚崟相属。深溪洞壑，逦迤连接。高木巨树，足使日月蔽亏，悬葛垂萝，能令风烟出入。崎岖山路，似壅而通。峥嵘涧道，盘纡复直。”又载茹皓采掘北邙及南山佳石为山于天渊池西之事。

综上所述，假山始于秦汉而行于南北朝。从开始便是池中堆山，兼有山水。先有土山，后出现石山，是从聚土到构石逐步发展起来的；之后才出现癖好峰石。这是假山技艺的初级阶段，其特点是完全临摹真山，以附近名山作为造山的蓝本，甚至在尺度上也追求接近真山。晋代葛洪概括了这个时期造土山的特点：“起土山以准嵩霍。”因为它是以真山为“准”，所以往往规模宏大却还不能概括和提炼自然山水的真意，过分地追求现实主义而无浪漫主义的结合。就技术而言，土山多为篑覆版筑，石山是干砌或以素泥浆为胶结材料。因为石灰尚未发明，但在采、运和构石方面已形成一套比较专门的技术。因为战国以后就有滑车、杠杆、绞盘等简单机械的运用。南朝已能熟练、无损地搬运巨大的特置山石。北魏开始出现一些地貌景观单元组合的假山，而且初具曲直、塞通等造山的变化，叠山技艺有所发展。

（二）假山兴于唐宋

《隋炀帝海山记》（见《唐宋传奇集》）载“苑内为十六院，聚土石为山”，又“湖中积土石为山，构亭殿，曲屈盘旋”，“凿北海，周环四十里，中有三山，效蓬莱、方丈、瀛洲，上皆台榭回廊”。

《旧唐书》载李德裕置平泉庄“清流翠筱，树石幽奇”，“题寄歌诗皆铭于石”。又载“白乐天罢杭州，得天竺石一，苏州得太湖石五，置于里第池上”，这是对太湖石最早的记载。白居易《长庆集》说：“石有族，太湖为甲，罗浮天竺次焉。”可见癖石之风至唐代已兴盛起来。

《新唐书》记载唐中宗时将作大匠扬务廉“尝为长宁公主造第于东都，右属都城，左俯大道，累石为山，浚土为池，旁构三重之楼以凭观，极园亭之美”。又谓司农卿赵履温“尝为安乐公主缮治定昆池，延袤数里，累石象华山，磴约横邪，回渊九折，以石瀵水，引清流穿罅而出，淙淙然下注如瀑布”。可能由于这以后出现过纯任自然的观点，在北宋前期和中期，洛阳名园虽多而独未用石。王世贞《游金陵诸园记》序谓：“洛中有水、有竹、有花，有桧柏而无石。文叔《记》中不称有叠石为峰岭者，可推也。”

到宋徽宗时，为了满足帝王繁衍皇嗣的迷信观念和癖石之好，宋皇室不顾连年旱灾和外侵之患，筑寿山艮岳于汴京：政和五年（1115）筑土山于景龙门之侧以象余杭之凤凰山，自此假山空前地兴盛起来。宋张淏《艮岳记》载：“专置应奉局于平江，所费动以亿万计。调民搜岩剔薮，幽隐不置……舟楫相继，日夜不绝。”宋蜀僧祖秀《华阳宫纪事》载：“华阳宫大抵众山环列，于其中得平芜数十顷，以治园圃……左右大石皆林立，仅百余株。以神运昭功、敷庆万寿峰而名之，独神运峰广百围，高六仞，锡爵盘固侯……括天下之美，藏古今之胜，于斯尽矣。”宋徽宗在《艮岳记》中描述为：“冈连阜属，东西相望，前后相续。左山而右水，沿溪而傍陇，连绵而弥满，吞山怀谷。”以至“徘徊而仰顾，若在重山大壑、幽谷深崖之底，而不知京邑空旷坦荡而平夷也”。明代林有麟编绘的《素园石谱》有宣和六十五石图。寿山艮岳经始于政和七年（1117），迄于宣和四年（1122），六年才建成。《枫窗小牍》谓：“朱勔于太湖取石，高数丈，载以大舟，挽以千夫。凿河断桥，毁堰折闸，数月乃至。”可见，名为石山，实为血山。十年后金人来犯，十万百姓奔往拆台榭宫室为薪，官不能禁。艮岳亦毁于战火中。

在宋代，私家园林的假山亦开始盛行，并且在庭院布置上也有了变化。“假山”或“山”这一类的名词虽然始用于唐代，但只限于宫苑或皇族贵戚和达官贵人所有。在唐代文献记载中，长安的宅第庭园只是种树植花而很少用石，但在宋画中可常见到竖置的石峰或叠砌成的假山。如南宋末年《景定建康志》所附的《建康府廨图》中，东偏庭院中有二山石峰对峙点缀。宋代《吴风录》谓：“今吴中富豪竞以湖石筑峙奇峰阴洞，凿峭嵌空为绝妙，下户亦饰以大小盆岛为玩。”可见私园用石成风始于宋时江南。

唐、宋前后山水画的发展是推动假山发展的重要因素。我国山水画始于南北朝刘宋时的宗炳，他开始用写生的方法创作以山水为主题的画，并且编写了《画山水序》的理论著作。隋代展子虔又发展到“远近山水，咫尺千里”的新阶段。唐代王维著《山水论》更是山水画专著。至宋代，寓诗于山水画之风更盛，画论更为普遍。唐宋时期不少文人、画师以风雅自居，自建私园，将诗情画意写入园林。如南朝宋人谢灵运、谢惠连建私园，唐代王维建辋川别业，白居易建草堂，李德裕营平泉庄，等等。随着山水画从写实到写意的发展，便提出了“移天缩地”“小中见大”等手法。所谓“竖画三寸，当千仞之高；横墨数尺，体百里之回；是以观画者徒患类之不巧，不以制小而累其似”，便是有代表性的画理。随着诗情画意写入园林，这些本来是在画面上的二维空间的手法便运用于创造三维空间的自然山水园了。这一来就开始改变秦、汉时处于假山初级阶段的那种纯现实主义的、临摹自然山水的创作方法，而逐渐代之以现实主义和浪漫主义相结合、写实与写意相结合的新型创作方法。

在施工技术方面，宋代也有所发展。李诫撰《营造法式》

中已有垒石山、壁隐假山和盆山的功料制度规定。杜绾撰《云林石谱》收集了116种石品，各具出产之地，采取之法，详其形状色彩而第其高下。《吴风录》载苏州有种艺叠山的花园子。《癸辛杂识》也谓："工人特出吴兴，谓之山匠。"可证南宋时苏州、吴兴的假山匠师曾主持园林造山并做出贡献。

由此可见，假山发展到唐、宋特别是宋代，进入了兴盛的阶段。其宫苑中的假山仍然保存了秦、汉时模拟真山那样规模宏大的做法，但又具备"致广大而尽精微"的特点。不仅着眼于再现一座真山，而且对于个体峰石有特殊的安置，将题咏铭刻于石，甚至封侯。与此同时，山石水景也更细致了。兴盛的另一标志是私园假山的兴起，并且由于山水画的影响，使假山的创作方法开始由单纯的现实主义向现实主义与浪漫主义相结合的新型创作方法过渡，后者以"小中见大""寓意于景"取胜。这正好适应了私家园林地产和财力有限的经济状况，加之文人画师自建私园后通过文学艺术加以宣扬，产生了较大的影响，为明、清进一步发展这种创作方法奠定良好基础。宋代建艮岳时已出现按图施工的办法，说明在施工技术方面也有发展。以艮岳为例，其建造过程，一方面是帝王草菅人命的压榨，另一方面是劳动人民为了谋生被迫从命。但从运石等技术看，反映出劳动人民智慧和劳动的结晶。为了保证太湖石在远距离运输中安然无损，汴京父老提出运输方法，“先以胶泥实填众窍，其外复以麻筋、杂泥固济之，令圆混，日晒极坚实，始用大木为车，置于舟中，直俟抵京，然后浸之水中，旋去泥土，则省人力而无他虑”，成功地完成了远距离运输。江南专业假山匠师的出现，更促进了造山的发展。

（三）假山再兴并精于明、清

辽、金时代在假山方面无所兴建，只是从汴京拆运了艮岳的太湖石到琼花岛（今北京北海琼华岛）。元代建大都时堆了万寿山（今北京景山）和万岁山，是为现存最大之土山。琼华岛高约 30 米，坡度约为 1 ： 3。景山高约 43 米，坡度约为 1 ： 2。从现状看，这两座山仍基本稳定，但也难免因冲刷而水土流失，尤以景山北坡为最。《西元集》载：“琼岛在太液池中……有岩洞窈窅，磴道纡折，皆叠石为之。”从元大都宫苑图上还可看到白玉石桥北有玲珑石以及日月石、石坐床、洞府等，说明此时江南私园造山亦有发展。民国《吴县志》载：“狮子林在城东北隅潘儒巷，元至正间，僧天如惟则延朱德润、赵善良、倪元镇、徐幼文共商叠成，而元镇为之图。取佛书狮子座名之。近人误以为倪云林所筑，非也。”

从明代开始，假山又渐渐兴盛起来。张南阳所叠上海豫园之黄石假山，以及嘉定秋霞圃、北京故宫御花园、南京瞻园等著名的假山园都出自明代。明代林有麟编《素园石谱》采宣和以后之石，共百余种具绘为图、缀以前人题咏，但其石品多为几案陈设。

明末的计成在掇山的理论和实践方面均有很高的造诣，其所著《园冶》着重对掇山技艺做了全面、系统和理论性的总结，从选石、布局到工程结构和施工技术都有精辟的论述，特别是提出等分平衡法的原理，具有创造性。“有真为假，做假成真”以及土山带石的理论总结了掇山的普遍法则，不失为园林掇山的经典著作。明代文震亨著《长物志》，亦言及假山技艺。

除计成在安庆、太平一带掇山以外，王世贞等所记金陵诸园也多有山石奇巧，但规模不大。明末尚有陆叠山在杭州叠山，《西湖游览志》载：“独洪静夫家者最盛。皆工人陆氏所叠也。堆垛峰峦，坳折涧壑，绝有天巧，号陆叠山。”

清初扬州园林盛极一时，《扬州画舫录》谓：“扬州以名园胜，名园以叠石胜。余氏万石园出道济手……若近今仇好石垒怡性堂宣石山，淮安董道士垒九狮山。”

清初之李渔（号笠翁）很赞同计成倡导之土山带石法。名匠师张涟（字南垣）在计成和李渔的基础上对土山带石之法又做了进一步的发展。黄宗羲《撰杖集》记载了张南垣的造山观点："今之为假山者，聚危石、架洞壑，带以飞梁，矗以高峰。据盆盎之智以笼岳渎。使入之者如鼠穴蚁垤，气象蹙促，此皆不通于画之故也。且人之好山水者，其会心正不在远。于是为平冈小坂、陵阜陂阤，然后错之石，缭以短垣，翳以密筱，若是乎奇峰绝嶂累累乎墙外，而人或见之也。"张南垣掇山胸有成局，相石有术，人皆服其精。其四子张然于康熙间继其业，其侄张鉽所创无锡寄畅园之假山，适可印证张南垣之艺术观点。

比张南垣再晚一些的常州人戈裕良是远胜诸家的掇山哲匠，如仪征之朴园、如皋之文园、江宁之五松园、虎丘之一榭园皆其所作。《履园丛话》谓戈裕良"尝论狮子林石洞皆界以条石，不算名手。余诘之曰：不用条石，易于倾颓，奈何？戈曰：只将大小石钩带联络，如造环桥法，可以千年不坏，要如真山洞壑一般，然后方称能事"。上述戈氏用券拱式结构做假山洞，实为掇山技艺的技术革命。他这些论点也完全可以从现存戈氏所造的苏州环秀山庄湖石假山得到印证。戈氏在常熟所叠之燕园假山亦有所存。

清代假山名园很多，诸如北京之圆明园、颐和园、北海琼华岛及静心斋，承德之避暑山庄，苏州之拙政园、留园、网师园、耦园，扬州之个园、小盘谷和寄啸山庄，等等。其中大部分保存完好，虽经各种变迁受到破坏，但大多可反映原来的主要景色。清代假山按图施工的情况有如下记载：《国朝画识》记叶洮“喜作大斧劈、康熙中祗候内廷，诏作畅春园图本，图成称旨，即命监造”；有些假山的模型，可见于样式雷的作品中。

明、清两代的园林有很大的发展，假山亦随之再兴。特别是康、乾时期，帝王几度南巡，回京后便大兴宫苑；江南私园亦因争为上宠而发达起来。如果说现实主义和浪漫主义相结合的园林创作方法在唐、宋只是初步形成还没有来得及发展的话，那么到了明、清，就进入了成熟的阶段。其主要标志是，以情景交融、乖巧精致、小中见大、移步换景见长的江南私家园林，在创作的境界方面超过了规模宏大、庄严瑰丽、雄伟壮观的帝王宫苑，以至引起了帝王的羡慕而在宫苑里仿造江南的园林，如颐和园谐趣园仿无锡寄畅园，圆明园和避暑山庄都仿建狮子林等。那种以真山为准，甚至在规模和尺度上都追求逼似真山的创作手法，到明、清时已不复存在。取代它的是以自然山水为源泉，经过高度的概括和提炼，结合局部夸张，把写实和写意结合起来从而再现自然山水的创作手法。以清代苏州环秀山庄的湖石假山为例，在 ' 亩多的用地上，典型化地重现了一座自然的石灰岩溶蚀景观。

山峦起伏、洞穴潜藏、幽谷蜿蜒、飞梁架空、裂隙纵横、断层错落，加之池水回抱、山溪奔泻和桧柏、紫薇、青枫的点缀，确是达到了“虽由人作，宛自天开”的艺术境界。面积约120平方米的苏州残粒园，由于采用周边式布局和利用假山做立体交叉的空间处理，在极有限的空间里创造了相对阔大的空间效果，充分地体现了“一卷代山，一勺代水”的造景艺术特点。除了掇山以外，这个时期，特别是清代，还大量运用山石小品点缀建筑空间，有的甚至利用不足一平方米的廊间小天井布置山石小品。清初李渔所倡导之“尺幅窗”“无心画”的造景方式，也得到普遍的运用。而且明、清用石取材广泛，除太湖石外，各地所产湖石、黄石、青石、宣石以及各种石笋等均用于掇山或置石。这便促进掇山手法的多样化发展，使造园家能因石制宜地进行精细入微的艺术处理。当然，明、清两代也有不同流派，其中一些流派极力追求象形、争奇斗异，产生了诸如刀山剑树、炉烛花瓶等矫揉造作、违反自然规律的做法。但是，代表主流的是张南垣、计成、李渔、戈裕良等名匠师的主要观点和作品。他们多由绘事而来，因而能将所悟画理用于掇山，从而取得了很高的成就。

三、有关假山的传统艺术理论

中国古典园林的假山营造不仅有丰富的实践经验，而且有理论的总结。只是专著不多，而且分散在各种史籍、地志、画论、游记和文学作品中，有些是借鉴了山水画论。从假山的发展可看到，掇山深受山水画的影响，正如《园冶识语》所说的道理："盖画家以笔墨为丘壑，掇山以土石为皴擦。虚实虽殊，理致则一。"当然，有关画理必须结合园林假山的实际情况先"化"而后用。所引理论有些也是整个园林艺术的理论，在此则仅从假山的角度加以例释。

假山最本质的艺术法则就是"有真为假，做假成真"，这是中国园林所遵循的"虽由人作，宛自天开"的艺术理论在假山方面的具体化。"有真为假"说明了掇山的必要性，"做假成真"提出了对掇山的要求。大自然的山水虽然是最丰富和美好的，但是和生活居住的地方相隔太远，因而园主不能尽情享受。园主为了在满足物质生活享受的基础上兼得自然山水的精神享受，这才出现了"城市山林"，这就是"有真为假"的含义。但是，园主的财力是有限的，根本不可能把名山大川搬到园中，也不可能悉仿，只能用人工造假山，是人造的又要求像天生的。这就是"做假成真"的含义。《园冶》自序谓"有真斯有假”说明真山水是源泉，是素材，是人造山水的客观依据。而要“做假成真”还必须通过作者的主观思维活动，对于自然山水的素材进行去粗取精的艺术加工，通过对真山水的典型概括、提炼使之更为精练和集中，也就是“外师造化，中得心源”所概括的道理。因此，假山必须合乎自然山水地貌景观形成和演变的科学性。“真”和“假”的区别还在于真山既经成岩便是一个“化整为零”的风化或溶蚀的过程，本身具有一定的稳定性和整体感，而假山则是掇成的，是“集零为整”的工艺过程，必须保证外观的整体性和结构的稳定性。所以，假山是科学性、技术性和艺术性的综合体。“做假成真”的手法有以下七种：

（一）山水结合，相映成趣

这是把自然风景看成一个综合的、生物的生态环境。山水是地形骨架，还要安排供人游览休息的建筑、道路场地、树木花草和合宜的动物，以共同组成一个自然景观。所谓“养鹿堪游，种鱼可捕”，并不是作为动物园处理，而是把动物看成是自然风景的组成因素。其中特别强调山和水的组合，因为这是典型自然景观的主要结体，亦即石涛《画语录》所谓“得乾坤之理者，山川之质也”。山水之间又是相互依存和相得益彰的，诸如“水得地而流，地得水而柔”“山无水泉则不活”，以及清笪重光《画筌》所谓“山脉之通按其水径，水道之达理其山形”等。这种喻山为骨骼、水为血脉、建筑为眼睛、道路为经络、树木花草为毛发的说法也是强调整体性。那种单纯追求叠山垒石却忽略其他因素的做法，其结果必然是“枯山”“童山”而缺乏自然的活力，而著名的假山园均循此理而获得“做假成真”的效果。就山水结合而言，嘉定秋霞圃土山对峙而夹长池，水湾曲折而入山坳；上海豫园黄石假山有深涧破山腹折流入池；环秀山庄山峦拱伏而曲水萦洄；南京瞻园假山各居南北临池而又有长溪沟通，这些都是很好的印证（图71）。因为真的自然山水就是以山水为骨架的自然综合体，要想“做假成真”也必须基于这种认识来布置。

（二）相地合宜，构园得体

山水景物是十分丰富多样的，究竟采用哪些山水地貌组合单元，还必须结合相地选址从而因地制宜做出得体的安排。《园冶》“相地”一节谓：“如方如圆，似偏似曲。如长弯而环璧，似偏阔以铺云。高方欲就亭台，低凹可开池沼。卜筑贵从水面，立基先究源头。疏源之去由，察水之来历。”如果用这个理论去观察北京北海静心斋的布置，就可以了解相地和山

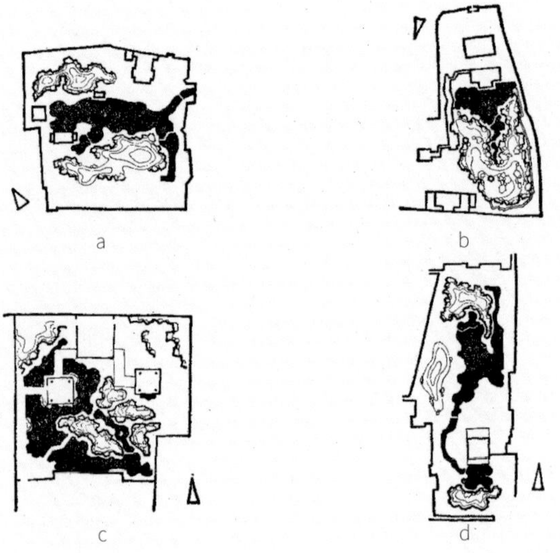

71
山水结合例
a. 秋霞圃山水结体
b. 豫园山水结体
c. 环秀山庄山水结体
d. 瞻园山水结体
（孟兆祯／绘）

水布置之间的关系。如图 72 所示，静心斋是清乾隆时所建北海的“园中之园”，北临街而南临湖，是一块东西约长 110 米，南北宽约 45 米的狭长地带，这就形成不规则的长方形外轮廓线。其初为太子读书之所，要求宁静幽雅。为了隔离北面街市的干扰，又借以观看万家灯火，根据长弯形的边缘线在北边建造起假山和爬山廊相结合的“环璧”。为了不过多地占据很有限的南北向空间，这种假山的环璧选择了壑的形式而向南略呈凹形，从而腾出偏阔的空间铺陈起伏的山峦。为了弥补用地南北短的缺陷，整个假山布置都以分隔东西向空间为主，而在南北向只分了两层。为了扩大空间、配合周边式的建筑布置，中部假山均以谷、壑为主安排了收放、起伏的变化，形成以虚为主、虚中有实的特点。特别是在北面接近边界的位置上，布置了两个朝南的假山洞，仰望上去变幻莫测，给人以北面的景致未尽，似乎山洞向北延伸的感觉。实际上这是一个洞的两个洞口，整个山洞仍然是根据用地东西长南北短的特点布置的，洞之平面几乎沿东西向呈“一”字形而两头略弯。整个园的地形是西北高东南低，因此在西面起峰峦而就亭台，亭亦因势取名“枕峦亭”。除亭之南向设台以外，还利用西北面假山洞顶的高敞特点设台。随后又建“叠翠楼”于西北角制高地带。中部和东、南部皆就低凿池，自什刹海引水入园，中心建筑“沁泉

72
北海静心斋平面图
（孟兆祯摹自建筑科学研究院建筑理论与历史研究室图）

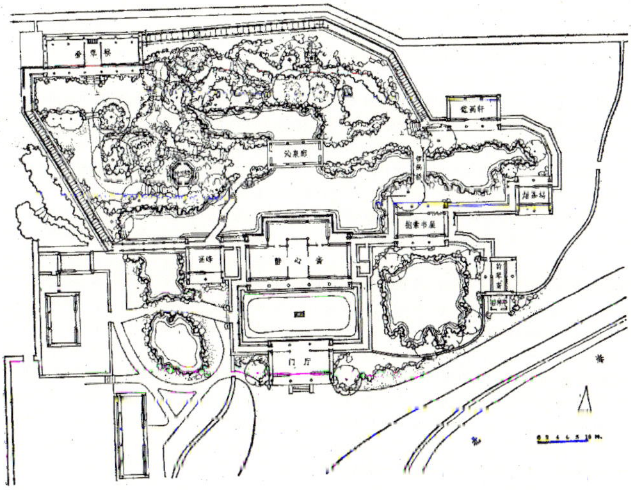

廊”横架水面，以增加南北向的层次感。可见，所有假山选择的地貌景观单元和结体关系都是遵循“相地合宜”才获得“构园得体”的良好效果的。也只有根据立地自然地貌的特征选定假山的结体，才能达到有若自然。同理可见，避暑山庄在澄湖中设“青莲岛”以仿嘉兴烟雨楼，在澄湖东部设金山并取“江上拳石”和“寺包山”之势以仿镇江金山寺，都是有理可循的。

（三）巧于因借，混假于真

如果园之周围远近有自然山水相因，那就要巧妙地加以利用，把园外的山水景色挹取到园内来，通过“借景”的手段来丰富园内景色。同时不论园内外，都可以在真山附近造假山，用“混假于真”的手段取得“真假难辨”的造景效果，这也是《园冶》的基本理论之一。如无锡寄畅园选择在惠山之东麓为园，既借惠山之多泉的条件开辟泉、涧、池等多种形式的水景，又借九龙山为远景。假山位于园内水池之西，由于假山根据九龙山、惠山的走势和脉向，以相顺应的方向进行布置，宛如惠山之余脉延伸而蜿蜒入园内。隔池相望，九龙山峰如屏幕远障天际。天际线衬托出“龙翔”的山脊。在这样的背景前面，假山像“子山”一样拱伏于前。隔池西望，假山近而真山远。假山虽然只有四米左右的高度，但由于控制了视距，因近得高。土山上古樟蔽日，更增加了假山的体量和山林的意味。真山虽然很高大，但因距离远而山形淡漠，不为之逼塞。加以池水有湾，折伸山坳中，假山本身前后错落，因此兼有“三远”的变化。山景自近、中、远而深浅，层次极为丰富。像这样“混假于真”的做法可以取得“做假成真”的成效，后来颐和园和谐趣园仿寄畅园建园于万寿山东麓也有一定的效果。

颐和园利用凿后湖的土方，在万寿山的北面隔湖为山。假山和真山隔水对峙，取假山与真山之山麓相对应之势。假山配合真山之轮廓线而极尽曲直、收放之变化，收缩处两山交峙，似到尽头时却又忽然展现一片开阔的水面。加以水湾藏源，港汊延伸和点缀小岛，展示了一幅又一幅的自然峡谷的动态景观。由于真山和所造的土山都用同一种当地的山石点缀驳岸边，有时还结合水面的收缩、开放做成削壁、冲沟和石矶的形式，真山和假山又植以同样的油松和其他植物，所以不论划船从水道游览还是沿岸游历都同样地感到自然和幽静。如果在横跨后湖的石桥上凭栏西望，真、假山交峙左右，湖水映带于中，远处又借西山为背景，松柏挺立而虬苍，绿柳倒挂而轻拂水面，俨然一幅山水长卷，有谁又留意到它们中间谁

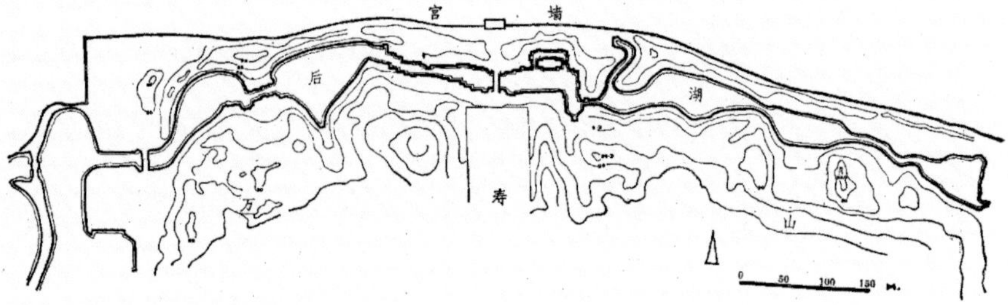

73
颐和园后湖地形示意图
（孟兆祯／绘）

真谁假呢？（图 73）

“混假于真”的手法不仅用于布局取势，就是一些细部的处理也可以借以“做假成真”。北京颐和园万寿山之后山利用天然的两条谷线开辟了东、西两条排水沟解决山地排水。造园者利用山石护坡和造景相结合的方法，在真山上布置假山和散点山石。西边一条名叫“桃花沟”，将山地降水汇于沟中，循沟而下。沟底和边坡均以叠石作为防护和点缀，出水口用山石做成“上台下洞”的形式，水从沟入洞，再从洞口排入后湖（图 74）。

东边的排水沟位于“寅辉”西侧，山沟之上游东折，纳三面山坡之降水。造园者根据自然地形之高差，用山石做出几层高差不同的跌水。主要的一层跌水叠成假洞，部分降水可从洞顶挂水帘下注，再几经转折绕削壁而泻入后湖。山谷和山坡是真山，而山洞跌水和削壁都是人工掇成的。由于它是在真山

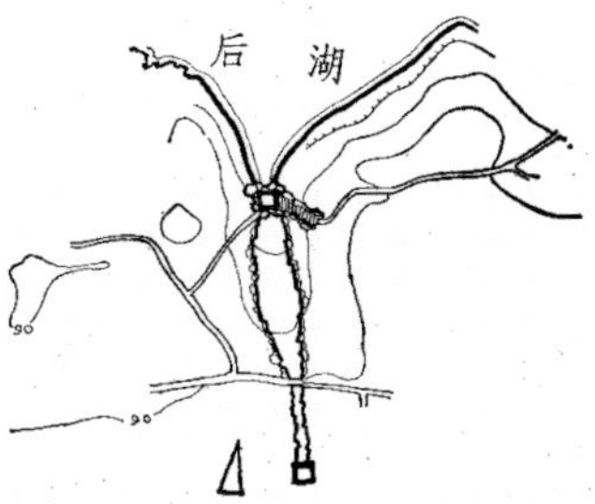

74

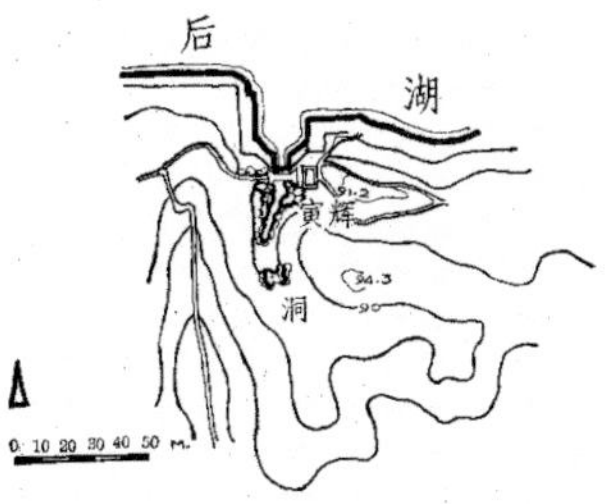

75

74
颐和园万寿山
桃花沟
（孟兆祯／绘）

75
颐和园万寿山“寅
辉”西山沟
（孟兆祯／绘）

上采用和裸露的天然岩石相近似的山石做材料，并根据自然规律来布置，所以收到了“做假成真”的成效（图75）。

颐和园之谐趣园西北角与后湖尽端相衔接，由于两边池底的高低悬殊而不宜直接沟通，作者利用地形高差和有裸露岩层的自然条件，别出心裁地从裸露岩层中间用人工开凿了一条溪涧，控制水位的小水闸隐于交界处的小桥下，山涧又做出曲折、宽窄和分层跌落的自然变化。开凿下来的整块山石就近散置于天然露岩的近旁，溪边修竹玉立，紫藤盘桓，在倾斜的露岩上还镌刻了“玉琴峡”三字。这里常年溪水不断，潺潺有声，精致而自然。因为溪水尚清，竟有懵懂幼童携瓶接水而以为天然山泉，可见其逼真。除此以外，诸如杭州孤山“西泠印社”用篆刻手法凿山开洞、避暑山庄之普陀宗乘等庙宇用开山之石掇山，颐和园“画中游”开凿所在山坡之石“混假于真”等都是运用此法的佳例。

（四）主景突出，配景简练

人造山水经“相地”而定假山之体制以后，还必须因地制宜地确定主景和配景的主从关系。宋代李成《山水诀》谓：“先立宾主之位，次定远近之形，然后穿凿景物，摆布高低。”阐述了山水布局的思维逻辑。苏州之拙政园、网师园，嘉定之秋霞圃皆以水为主，以山为辅，同时安排了建筑。上海豫园和苏州环秀山庄以山为主，以水为辅，同时结合建筑布置。南京瞻园却以山为主，水为辅，建筑为点缀。苏州留园东部庭院以建筑为主体，山石作为点缀手段。北海“古柯庭”却以古槐为主景，环以建筑和利用山石散置做陪衬。可见布局时必先从园之功能出发结合用地特征确定宾主之位，假山则根据其在总体中之地位和作用来安排，最忌喧宾夺主。

即使确定以山为主以后，假山本身还有主次关系的处理问题。《园冶》提出“独立端严，次相辅弼”，就是要先定主峰的位置和体量，再辅以次峰和配峰。苏州的假山匠师用“三安”来概括主、次、配的构景关系，这不仅要求在总体方面，而且要求局部也有相对的主从关系。一直分割到每块山石为止。不仅要求在一个视线方向，而且要求在可见的视域内都有这种效果。唐代王维《画学秘诀》谓：“主峰最宜高耸，客山须是奔趋。”清笪重光《画筌》谓：“主山正者客山低，主山侧者客山远。众山拱伏，主山始尊。群峰互盘，祖峰乃厚。”这些都是区分主次的手法。

在处理假山主次关系的同时，还必须结合“三远”的理论来安排。宋代郭熙《林泉高致》说：“山有三远。自山下而仰山巅，谓之高远；自山前而窥山后，谓之深远；自近山而望远山，谓之平远。”又说：“山近看如此，远数里看又如此，远十数里又如此，每远每异，所谓山形步步移也。山正面如此，侧面又如此，背面又如此，每看每异，所谓山形面面看也。如此是一山而兼数百山之形状，可得不悉乎？”

苏州环秀山庄的湖石假山并无一块奇峰异石可为标榜，却获得一致的好评。这是因为哲匠戈裕良是从整体着眼、局部着手来处理的。山是主景，水是配景，山水间又结合紧密。东南角有水自檐下，汇流数股而集中奔注于幽谷深涧中。谷涧之南端冲出裂隙，隙延伸为沟，一直扩展到水池。另一路自西北角洞中高处下泻，出洞口冲出有高低和层次变化的裂沟，通过裂沟连接水池。雨季水涨时，池水可出入于幽谷之深涧中；旱时涧底干涸，亦如石灰岩溶蚀之河床渗漏至尽。同时利用上伸下缩的山石驳岸做成“水岫”，使池水潜藏，甚至俯身下探，亦未必见有穷尽。石桥西南端和“补秋山房”西面台阶下的“水岫”更是相互暗通，似为流水所溶蚀以透。就全园而论，主山居中而偏东南，客山居西北角，东北角也有平冈拱伏。就主山而言，本身又有主峰居山之西南，两次峰隔幽谷而居山之东北，配峰偏于山之东南。主峰高约 5 米，次峰高约 4 米（均以最高水位线 ±0.00 米起算，池底高程约为 -1.40 米）。主峰山腰以下居正，而峰顶具有向西南探出之动势。次峰和配峰则又向主峰有所奔趋。由于水池采取环抱之势以衬托主山，所以水池周边所驳之山石皆向主山环拱。若自平台向北看，但见峰峦起伏，悬崖斜伸。石罅折曲，石桥横空。入游则见栈道、洞府、峭壁、深谷。从汀石跨过山涧，经石室，随谷盘旋而上山顶。回身下俯，幽谷深隐。主峰下之洞口正好纳西北角之山洞于其中，深远别致。自北下山，又见坡矶。西北角岩下是裂沟，高低纵横，洞隐难穷其尽。但置身“问泉亭”基址附近向东南望去，却是双峰对峙，夹幽谷于其中，峰实而谷虚，深邃莫测。加之“从巅架以飞梁”，虚中又以石梁实之，则又是一番景象。这座假山占地不过亩余，却能呈现山水相映，主次分明。既有“山形面面看”，又具“山形步步移”。假山之不同于真山，多为中近距离观赏，此园山高与视距之比控制在 1 ： 2 以内（视距自池西一带至主峰），用“以近求高”的手法奏效。因为戈裕良深悟画理又善掇山，所以达到了“岩峦洞穴之莫穷，涧壑坡矶之俨是”的高度境界，可称湖石假山之极品。

（五）远观势，近观质

“势”指山水的形势，也就是山水的轮廓、组合与性格特征。在山水布局中，要先定轮廓而后穿插景物，轮廓是体现形势的重要因素。李渔在《闲情偶寄》中以文学和书画做比喻说：“以其先有成局，而后修饰词华。故粗览细观同一致也。若夫间架未立，才自笔生，由前幅而生中幅，由中幅而生后幅。是谓以文作文，亦是水到渠成之妙境。然但可近视，不耐远观。远观则襞褙缝纫之痕出矣。书画之理亦然。名流墨迹，悬在中堂。隔寻丈而视之，不知何者为山，何者为水，何处是亭台树木。即字之笔画，杳不能辨。而只览全幅规模便足令人称许。何也？气魄胜人，而全体章法之不谬也。”这说明“胸有成局，意在笔先”和结构之重要性。造山亦如作文，一土一石即一字一词，由字组成句即用一组山石构成峰、峦、洞、壑、岫、坡、矶等“句子”；由句而成段落即类似一部分山水景色；然后由各部山景组成一整篇文章亦即一个园子。园之功能作用和造景的寓意结合便是命题。这也就是“胸有成山”的内容。

就一座山而言，其山体轮廓可分为山麓、山腰和山头三个部分。《园冶》说：“未山先麓，自然地势之嶙峋。”有人说：

“屋看顶，山看脚。”这揭示了自然山势和人工造山特别是土山在坡度方面变化规律之间的关系。假山应像真山那样，从缓到陡，具有山麓、山腰和山头的变化。“屋看顶，山看脚”，说明不要一味追求山的高度和主峰的处理，而忽略了山之底盘面阔、进深和山高之间的比例关系，否则不仅不自然，而且会影响土山的稳定性。笪重光《画筌》说：“山巍脚远”，“土石交覆以增其高，支拢勾连以成其阔”。反映了相同的认识。因为，土山之底部承压大而坡度宜小，坡长就拉远了；山腰部分承压较小，则坡度相对可大些；山头则更陡一些也无妨。但这也不是绝对的，好的土山往往是前缓后陡，左急右徐，也有缓中见陡或陡中有缓的局部变化。这和篑覆卸土的施工过程也有些关系，一般是挑土上山的一面缓，而覆土的一面陡，由于山腰部分常设置平台或建筑，要求局部平坦而靠山头的一面用山石垒成挡墙以维持陡坡或峭壁，到山头部分就可以做峰结顶了。

布置假山同时也要综合安排组织地面排水的问题。土山最忌呈坟包状，这不仅因为它造型呆板，而且没有分水岭和汇水线的自然特征，以致地面降水泛流而下，造成大量冲刷。《园冶》“山林地”一节中述及：“有高有凹，有曲有深，有峻而悬，有平而坦，自成天然之趣。”就是要“胸有丘壑”，要有山脊和山谷的变化。地面降水以山谷为汇水线，结合谷线开辟山路。加以铺装后，地面径流便可顺势导入园内水体中。

山之组合包括“一收复一放，山渐开而势转。一起又一伏，山欲动而势长”，“山面陡面斜，莫为两翼”，“山外有山，虽断而不断”，“半山交夹，石为齿牙；平垒遥远，石为膝趾”，“作山先求入路，出水预定来源。择水通桥，取境设路”等理论。

合理的布局结构还必须落实到细部处理上，这就是“近看质”的内容。掇山之“相石”也为了具体解决细部。首先是将性质相近的山石放在一起而最忌混用。混用显然是违反自然地貌特征的。即使有特殊的用法不得已时，至少也要放在不同的视域里。扬州个园因造四季假山而采用了四种山石，其中只有“夏山”之湖石和“秋山”之黄石有交接处。为了减少差异，交接处都缩小体量成为低的花台或驳岸。然后在湖石中选厚实而带灰黑者，在黄石中选少棱角而带灰黑者，以便逐渐过渡。

石质和石性有关。湖石类属石灰岩，因降水含有二氧化碳对湖石中之可溶物质产生溶蚀作用使湖石表面产生凹凸，渐深成涡，涡向纵长发展成隙，隙冲宽了成沟，向深度溶蚀成环，环通成洞。大小沟交织疏密而成皴纹，涡洞相套而有层次。这就形成湖石外观圆润柔曲、玲珑剔透，涡洞互套，皴纹疏密的特点，亦为山水画中荷叶皴、披麻皴、解索皴所宗之本。黄石属细砂岩，是方解型节理。由于水的冲刷和风化的破坏所造成的崩落都是沿节理面分解，形成大小不等、凸凹进出的不规则多面体。其石面平如刀削斧劈，面与面的交线又成为锋芒毕露的棱角线。于是便有刚硬平直，浑厚沉实，层次丰富，轮廓分明的特点，亦即山水画中大斧劈、小斧劈、折带皴所示（参见《芥子园画传》）。如果简化一些，至少要分出竖纹、横纹和斜纹三种变化。而叠石必须讲究皴法才能做到“掇石莫知山假”。

（六）寓情于景，情景交融

这就是利用“比拟”使之产生“联想”的造景手法。《园冶》所谓“片山有致，寸石生情”也指这种手法，无论是欣赏真山水或造假山都赋意于景。比如长期相为因循的“一池三山”“仙山琼阁”等寓神仙境界的手法；“峰虚五老”“十二生肖”以及各种神话故事寓象形的手法；“濠濮间想”“武陵春色”等寓隐逸、典故的手法；寓名山大川的手法（如艮岳仿杭州“凤凰山”，苏州洽隐园水洞仿“小林屋洞”等）；寓自然山水性情的手法和寓四时的手法；等等。

中国山水画对于自然山水性情的分析是很细致的，这也是从写实到写意的认识过程。宋代郭熙《林泉高致》说：“山，大物也。其形欲耸拔、欲偃蹇、欲轩豁、欲箕踞、欲盘礴、欲浑厚、欲雄豪、欲精神、欲严重、欲顾盼、欲朝揖、欲上有盖、欲下有乘、欲前有据、欲后有倚、欲下瞰而若临观、欲下游而若指靡，此山之大体也。”又说：“水，活物也。其形欲深静、欲柔滑、欲汪洋、欲回环、欲肥腻、欲喷薄、欲激射、欲多泉、欲远流、欲瀑布插天、欲溅扑入地、欲渔钓怡怡、欲草木欣欣、欲挟烟云而秀媚、欲照溪谷而生辉，此水之活体也。”清代龚贤《画诀》说：“石必一丛数块，大石间小石，然须联络。面宜一向，即不一向，亦宜大小顾盼。石下宜平，或在水中，或从土出，要有着落。”又说：“石有面、有肩、有足、有腹，亦如人之俯仰坐卧，岂独树则然乎。”这些画理都不难从好的山石作品中得到印证。

扬州个园之四季假山是在寓四时景方面别具匠心的佳作。在不大的空间里，按顺时针的游览方向布置了春、夏、秋、冬的山石景。春山从“火巷”引入，在一垛隔断花墙的前面，对称地布置了低矮的整形花台，两花台间是通向庭园部分的地穴。花台上翠竹挺立，竹间散点石笋。作者以人们熟知的“春生”和“雨后春笋”为比拟，启发游人产生春山的联想。夏山以天空为背景，用白色太湖石掇成。下洞上台，形若夏云。山所临水池植荷，山之近旁又有浓阴乔木蔽日，爬山洞抽引水边凉风，又把人们带到了典型的夏景中。秋山采用黄石掇成，并配以秋色叶树种，从色调上点出了秋的特点。从地形上可循山洞或山道盘旋而上，至主峰则可远眺园外景色，这又是“重九登高”的比拟。冬山以宣石做花台并结合壁山处理。宣石上白下暗，令人联想到“积雪”，加以有蜡梅的点缀，冬意更浓。冬山之末与春山仅一墙之隔，又开漏窗以透春山景。使人产生“冬去春来”的联想。个园的四季假山立意新颖、用材精细、配景融洽、结构严密。时景是命题，春山是开篇，夏山是铺展，秋山是高潮，冬山是结语，可称章法之不谬。这种创景的方法和山水画论中有关时景的论述也是可以相互印证的。石涛《画语录》说：“凡写四时之景，风味不同，阴晴各异，审时度候为之。古人寄情于诗。其春曰，每同沙草发，长共云水连。其夏曰，地下树常荫，水边风最凉。其秋曰，寒城一以眺，平楚正苍然。其冬曰，路渺笔先到，池寒墨更圆。”

（七）对比衬托，相得益彰

造山还必须充分利用园林的综合组成因素和山体本身地貌组合单元之间的对比和衬托，而取得相得益彰的效果。以上海豫园的黄石假山为例，旧时在北面有江景可借，故假山居于园北，且南缓北陡，建“望江亭”于其上。山因水池和建筑之就低铺陈而显高耸。就假山本身而言，根据“山拥大块而虚腹”

的画理，用一条曲折、深邃的山涧剖山腹而产生虚实、明暗的对比效果。山的中下部被山涧分隔成东西两部分后，却又有临水或架空的小桥和危石加以贯通，同时也增加了山层次上的变化，使山体更深远。再经过山道盘曲隐显，台地错落高低的衬托，显得坐落在后面而偏侧的主峰格外的高峻端严了。此山在配植方面以疏植大乔木为主，在地面上占地面积不大，又不过分地阻挡视线，因而获得山林的真实感。无锡寄畅园之“八音涧”却以山衬水、以静衬动，创造了声、情、景交融的自然山水景。它利用两山交夹的谷道作为展示山涧的游览路线。引惠山泉入园暗出以为泉源。泉出潭而成涧，自高而下，分层跌落。山涧时收时放，有时居山脚之一侧，有时又横穿谷道，还在明流中穿插了一段穿山脚石罅的暗流。山谷本幽静，但因夹涧而产生了共鸣箱的音响效果。涧因跌落高差不一、落水潭深浅的变化，和明流、暗流的敞音、闷音的变化，而产生“无弦琴”的联想。苏轼《石钟山记》详记了鄱阳湖口的“石钟”如钟鼓作响的自然奇观；杭州“水乐洞”也因水声得名。可见，理水弄音之法亦出于自然。

造山所用对比衬托的手法是很广泛的，诸如大小、宽窄、横竖、方圆、直曲、俯仰、正斜、高低、前后、虚实、明暗、寂喧、动静、轻重、巧拙、收放、枯润等。最忌立如刀山剑树，排如炉烛花瓶，或如铜墙铁壁，或相互排比。因为它们既不自然，又缺乏对比统一的变化。

四、假山要“古为今用”

从新中国成立以后我国一些城市园林建设的实践来看，假山是可以“古为今用”的，它可以作为美化和创造具有时代内容和民族形式园林的手段，应该认真地总结一下经验教训，使其更好地为社会服务。

（一）充分结合假山和置石的实用功能造景

例如用以平衡土石方、组织地面排水和做驳岸、护坡、挡土墙、踏步、汀石、花台、山石几案、兽山、作为支撑倾斜欲倒的古树的支架、攀缘植物架，填补树洞，以及作为某些植物的解说牌等。

杭州“花港观鱼”公园，在改造稻埂低凹地时，为了平衡掘“花港”和“观鱼池”的土方、结合解决分隔空间、组织排水和造景，在观鱼池和大草坪之间布置了仅两米左右高的带状土丘，并在土丘上种植高大乔木，使这两个在功能上各有不同要求的空间互不干扰（图 76）。同时还利用少量土方在路口设置“阜障”组织游览路线，并利用土阜作为种植雪松树丛的自然地形。整个园子都以组织自然地面排水为主，且取得了较好的效果，只是局部有些冲刷问题尚未很好解决。

广州市兰圃有一段挡土墙，原考虑用一般整体式挡墙的做法。后来用相近的造价做了一个“石塑”的挡土墙，既完全满足了挡土墙的实用功能，又取得了“成景”的效果。上海植物园用附近所产黄石做驳岸，也取得了“景”“用”双收的效果。杭州西湖用一般建筑用的大块石做驳岸，由于掌握了层次和高低错落的变化，也有较好的效果。动物园的狮虎山、熊山、猴山等都是室外展览动物的场所，如果运用得当，是很可以创造一些陪衬动物和提供动物室外活动的山石景的。杭州动物园的小动物笼舍用黄石和笼舍相组合，外观很自然而富于变

76
杭州“花港观鱼”公园局部地形示意图
（孟兆祯／绘）

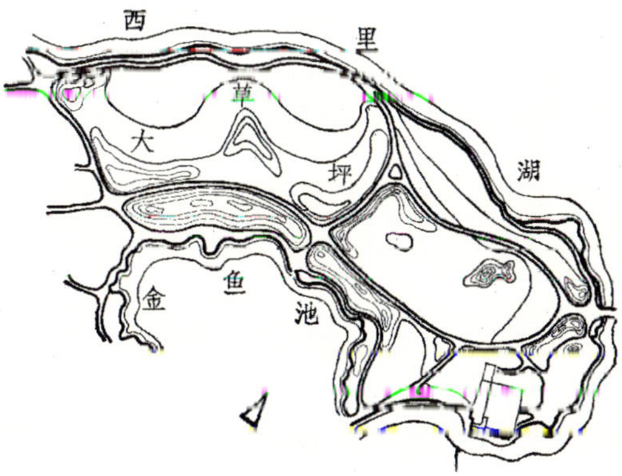

化。南宁、武汉等地做的猴山也较好。广州市动物园用“石塑”的办法造了两座大兽山，也有自然的外观。

杭州植物园玉泉的停车场附近，有一株大香樟树，由于下部树身中空，有一个大洞必须填补。如果用一般堵块石，抹水泥的办法，虽然解决了补树洞的问题，但必然是煞风景的，影响这棵古樟的观赏效果。后来采用了山石填补和陪衬，既补了洞又对古樟起了衬托的点景作用，游人还可以在树下休息。这种做法是动了脑筋的。

（二）广开材源，创造新技

过去掇山、置石由于受山石材料的限制，长途运输很不经济，也无必要；可是附近又不产石，就很难用石掇山了。广州市园林局根据当地的条件创造了“石塑”新工艺，用砖、钢丝网和水泥便可造山。这种方法用材广泛而且可以按照预定式样造型，还可以利用水泥预制构件中的一些废料。广州白云宾馆为了降低原地面以做水面和保留几株大榕树，在底层宴会厅北院的水池中间必须修建保护榕树下面土层的水工挡土墙。这如果是用一般条石或虎皮石挡土墙的做法是很不协调的。造园者以岭南榕树和山石结合的自然景观为素材，用“石塑”的技法成功地塑造了一个“榕根壁”式的自然山石挡土墙。用法简练、整体性强，几个大块面就解决问题，加以小瀑布的结合，构成一幅完整的画面。日后倘若榕根顺势下延，附石扎根，就更加富于真实感了。

此外，佛山市、新会城都有不同的做法。新会甚至以焦渣为材料，自然地加上一层带色的水泥形成人造山石，用作驳岸，效果也很自然。

（三）利用山石小品点缀园景

如前所述，山石小品有“因简易从，尤特致意”的特点。山石小品用于特置，或结合建筑角隅散点，或做成“如意踏垛”、壁山“无心画”，或做成花台组合庭院，都有以少胜多的特点。广州市西苑根据当地气候条件，在一座游憩性建筑中开了一个很大的落地漏窗，周边以具有地方色彩的彩色玻璃窗格作为框景。窗前散点石笋数块，并以球形的黄杨等植物为衬托，形成一幅写意山水。而且内外两个方向都可得景，由外向里看，以暗衬明，石笋轮廓十分清晰；由内向外观，又有以明衬暗的逆光效果，起到了“画龙点睛”的作用。而有些地方把石笋混用于其他类型山石中，极不自然。广州市中国出口商品交易会序厅中用“石塑”做的山石水景也具有很好的效果。上海中山公园，在一个新式亭廊的漏窗中布置石笋，由于石景置于几个视线方向的焦点，无论进、出或循廊转折，几乎都可得此景，则又发挥了一景多用的特点。这些都说明用山石小品点缀园景的灵活性、多样性。

至于古典园林中假山的一些传统手法，可以根据今天的实际需要有批判、有分析地加以吸收和创新。如南京瞻园的重修，并没有拘泥于古法，而是在旧园的基础上，结合时代的特点适当地加以改造，剔除了某些江南私园那种过于闭塞、压抑、迫促和零碎的做法。北山以大块削壁结顶，并将水面延伸折入山后隐处。南山扩大原有水池，变扇形水面为自然式水面，在整块悬岩下面虚以溶洞景观，旁边做出水洞加以陪衬。由于设计和施工都着眼于整体的布局和结构，强调要有气魄，取得了既雄伟、壮观，又兼有幽深自然的良好效果。又如上海龙华公园以“红岩”寓意于山，在公园入口对景位置用红黄色的黄石，参照《红岩》小说封面山体造型建造了一座假山，作为一种“寓情于景”的创新尝试。但是，仅仅学习古典园林是不够的，还必须踏察一些自然山水。因为再好的园林作品只是“流”而不是“源”。值得学习和研究的是，看看好的园林假山是如何将真山真水加以概括和提炼，从而创造了“虽由人作，宛自天开”的园林自然山水。总之，假山这门传统的技艺是值得发掘、整理、应用和有所发扬光大的。

4. 掇山技术

假山因使用的材料不同，分为土山、石山和土石相间的山，后者因土、石采用的比例不同而又有土山带石和石山带土两种。长期以来，我国历代的假山匠师和工人，吸取了建筑泥瓦作、石作等工程技术和传统山水画的技法，在实践中逐步积累经验，创造了这门独特、优秀的掇山技艺。以下简单探讨与掇山技术相关的问题。

一、土山

我国人工造山的渊源甚早，秦汉时，首先在帝王的宫苑中出现了有神话色彩的土山。《后汉书》载：“梁冀园中聚土为山以象二崤。”说明当时造土山，是仿真山的。南北朝至唐，苑囿园林造山仍以土筑为主。宋徽宗营艮岳，虽开大量用石之风气，但规模较大的园林中，仍不免开池堆土成阜，以作为园内地形起伏的骨架。明计成著《园冶》“村庄地”一节谓：“约十亩之基，须开池者三，曲折有情，疏源正可。余七分之地，为垒土者四，高卑无论，栽竹相宜。”则又进一步提出山水和地面之间的参考比例数值。

古代的园林在布置土山的同时，也综合解决了利用自然地面排水的问题，土山之所以忌成坟包状，不仅因为造型呆板，而且由于地面水泛流而下，造成严重的冲刷，影响土山的稳定。为此，土山要有山谷和山脊的变化，地面降水便可以有组织地循谷线而下，顺势排入园中水体。造山必须是“胸有丘壑”，而不可有丘无壑。北京颐和园万寿山后山利用天然的两条谷线开辟了东、西两条排水沟。西边一条名叫桃花沟，汇山水于沟中，循沟而下。沟底和边坡用山石做防护和点缀，出水口用山石做成上台下洞的形式，水自洞中排入后湖。东边的排水沟位于“寅辉”两侧。其上游纳山之东、西和东南三面山洪，形成自然的山涧，利用地形高差做成几层跌水。主要的一层跌水还用山石做成假洞，部分降水成水帘从洞顶泻下，再经儿度转折，绕峭壁，穿石桥而归入后湖。这两处山地排水沟，都是在充分利用自然地形的基础上，适当加以改造，并把排水设施和自然水景融为一体，是处理成功之例（图77）。好的土山往往是前缓后陡，左急右缓。也有于缓中见陡或陡中有缓的局部变化，这和篑土为山的施工过程有关。一般是挑土上山的一面缓，而复篑卸土的一面陡。由于山腰常有安置建筑场地的需要，多做成平台。现存最大之土山为元初建元大都时所筑琼华岛和万寿山（今景山）。琼华岛高约30米，坡度约为1 ：3。景山亦创于元初，明崇祯七年（1634）实测高十四丈七尺，约合43米，坡度约为1 ：2。从现况看，这两座山基本是稳定的。唯景山地面陡处冲刷严重。

在叠石山成风的明、清两代，出现了反对用石过多和主张土山带石的做法。计成在《园冶》"掇山"篇中说："构土成岗，不在石形之巧拙"，"结岭挑之土堆，高低观之多致，欲知堆土之奥妙，还拟理石之精微。"清初张涟更是反对矫揉造作的一些石山的做法："今之为假山者，聚危石、架洞壑，带以飞梁，矗以高峰。据盆盎之智以笼岳渎。使入之者如鼠穴蚁蛭，气象蹙促，此皆不通于画之故也。"（黄宗羲《撰杖集》）吴梅村《张南垣传》载："……盈尺之址，五尺之沟，尤而效之，何异市人抟土以欺儿童哉？惟夫平冈小坂、陵阜陂陁，版

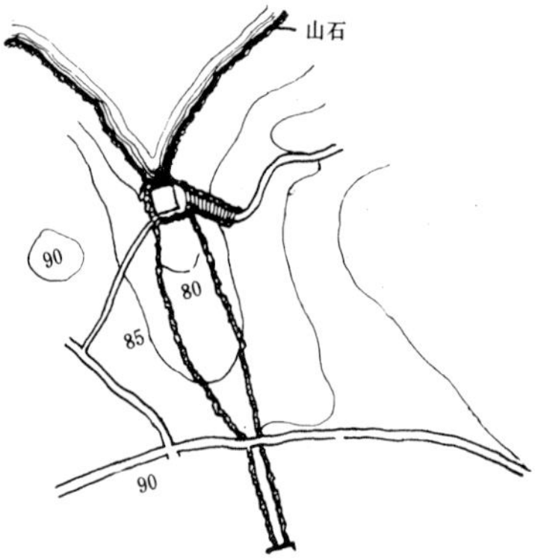

桃花沟平面

樱桃沟

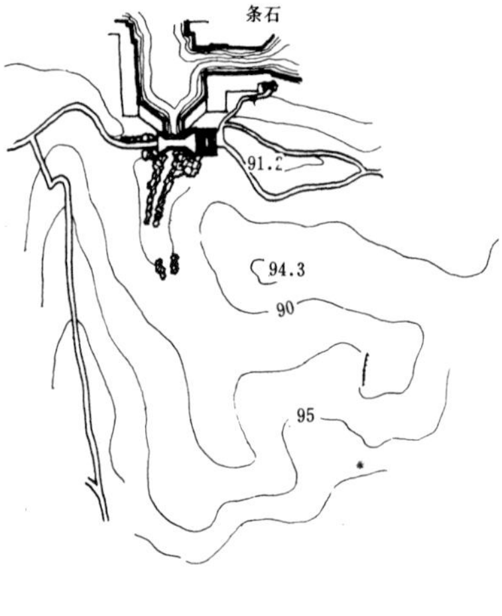

“寅辉”西面山沟平面

“寅辉”西面山沟

77

北京颐和园万寿山

后山排水沟

（孟兆祯／绘）

筑之功，可计日以就。然后错之以石，棋置其间，缭以短垣，翳以密筱，若似乎奇峰绝嶂累累乎墙外，而人或见之也。其石脉之所奔注，伏而起，突而怒，为狮蹲，为兽攫，口鼻含牙，牙错距跃，决林莽，犯轩楹而不去。若似乎处大山之麓，截溪断谷，私此数石者为吾有也。”清代李渔亦喜为土山带石之法，其《闲情偶寄》谓：“用以土代石之法，既减人工，又省物力，且有天然委曲之妙。混假山于真山之中，使人不能辨者，其法莫妙于此。累高广之山，全用碎石，则如百衲僧衣，求一无缝处而不得。此其所以不耐观也。以土间之，则可泯然无迹。且便于种树，树根盘固，与石比坚。且树大叶繁，混然一色，不辨其谁石谁土。立于真山左右，有能辨为积累而成者乎？”又说：“土之不可胜石者，以石可壁立，而土则易崩，必仗石为藩篱故也。外石内土，此从来不易之法。”

他们的这些见解，可以从无锡寄畅园中土山带石的假山得到印证。此山为张涟之侄张鉽所筑，取惠山东麓一角建园。掘地取土，为山于池西而居惠山之东，混假山于真山之前。山脚约两米高的地带，以黄石为危，使土山在底面积不大的条件下争取到约四米的高度。土山之脉向与惠山之走势相顺应。自游廊隔池西望，惠山之九龙峰远障如屏，而假山若惠山之余脉延伸蜿蜒。层次丰富，颇具画论之“三远”变化。加之土山上古樟蔽日，矾头（即土山上裸露的山石）拱伏，令人莫知山假。

清雍正创建之圆明园，总面积约五千亩，于平地上凿水堆山而水陆各约占半。土山又为陆之半，山高二至三丈，陡处砌山石为垣，山上覆以树木，所有景区的划分，利用土山和聚散变化的水面来组合，山随水之通达而回转环抱。图 78 为圆明园“上下天光”及周边实测地形图，由此可见一斑。北京颐和园循万寿山北麓开凿后湖，取湖土结岭于湖北岸之狭长地带，假山与真山隔湖而南北对峙，极尽收放、开合、曲折、深邃之变化。两岸交错处山口紧锁，若至尽处，泛舟转折又豁然开朗，加以延伸港汊，架设各式园桥和点缀岛屿，有若天成。后湖山水景，左面是万寿山，右面是假山，又借西山为远景，可

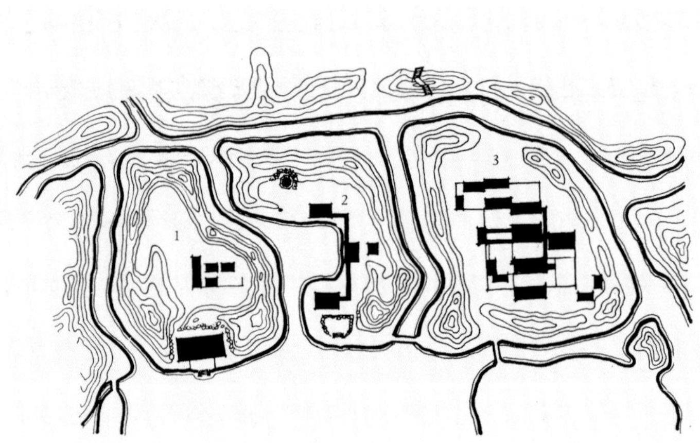

78
圆明园“九州清晏”平面图（局部）（孟兆祯摹自1932年北平市工务局圆明园测绘图）

谓混假于真之佳作。

从被破坏的一些土山遗址来看，古代园林中的土山一般不做地基处理。体量小的土山采用分层版筑的办法，而大的土山多利用自然沉实。扬州清代瘦西湖之小金山，由于当地土壤是沙土，又是求在很有限的底面积上达到山势高的景观效果，因此屡堆屡坍，后来采用土壤和木板间层相积的做法，终于求得稳定（见《浮生六记》）。

二、石山

（一）选石

掇石山之初，首先要根据远景和功能的需要考虑选石。从明绘“阿房宫图”中已可见到用湖石做叠置，但尚未见文字记载。又从我国最初叠石山的情况看，多为就地取材或就近取材。如汉代袁广汉于北邙山下构石为山（见《西京杂记》）。北魏茹皓采北邙山及南山佳石，为山于天渊池西等（见《魏书》卷九十三《茹皓传》）。特别是产自江南的体态多变的太湖石，经名人收集，诗人题咏加以宣扬以后，用太湖石造山之风遂盛。由于太湖石的发现，可以满足当时园主移天缩地和欣赏山石象形的要求，因此都竞相采用太湖石。到了北宋末年，宋徽宗命朱勔办“花石纲”，将江南所产奇花异石运至汴梁，兴造艮岳，成为历史上最大规模和最远距离的山石采运。《癸辛杂识》载：“前世叠石为山，未见显著者，至宣和艮岳，始兴大役，连舻辇致，不遗余力。其大峰特秀者，不特侯封，或赐金带，且各图为谱。”自宋以后，私园用石亦兴，其中首推吴兴叶少蕴之石林。园居半山之阳，万石环之，其做法并非采取万石，而是因山而剔取。自明代以后，采用山石的品类更广了，除太湖石外，还采用黄石、青石以及各种石笋等。

1. 湖石类：其太湖石出自西洞庭，即苏州洞庭东山、西山一带。《姑苏采风类记》载：“太湖石出西洞庭，多因波涛激啮而为嵌空，浸濯而为光莹。或缜润如圭瓒，廉刿如剑戟，矗如峰峦，列如屏障。或滑如肪，或黝如漆，或如人、如兽、如禽鸟。好事者取之，以充苑囿庭除之玩，此所谓太湖石也。”明文震亨著《长物志》云：“太湖石在水中者为贵，岁久为波涛冲击，皆成空石，面面玲珑。在山上者为旱石，枯而不润，赝作弹窝，若历年岁久，斧痕已尽，亦为雅观。吴中所尚假山，皆用此石。”

湖石属于石灰岩，水中、山中皆有所产。由于水中含有二氧化碳，对石灰质产生溶蚀作用，冲去了山石表层可溶的部分而产生凹凸，渐深成涡，涡向纵长发展成沟，向纵深发展成环，环通为洞，遍布沟而成皴纹。涡洞可相套，但洞不一定在涡内，洞边多圆角，皴纹又有疏密、深浅的变化。这就形成了湖石外观柔曲圆润、玲珑剔透、皴纹疏密、涡洞相套的特点。亦为国画中荷叶皴、披麻皴、解索皴所宗的一个来源。图 79 为明万历四十一年（1613）刊于《素园石谱》之太湖石图。现存太湖石之著称者，则有苏州旧织造府之瑞云峰、石门福严禅寺之绉云峰（此石现在杭州）、上海豫园香雪堂前玉玲珑和苏州留园的冠云峰等。

湖石因所产地区不同又可分为南太湖石和北太湖石。江南各地所产通称南太湖石，其中一种青灰色，多皴纹的俗称“象皮青”，或青灰中夹杂细白纹，如从艮岳运来北京北海琼华岛的一种，就是从江南作为“花石纲”运到汴梁，到了金代又移来北京的遗物（见明宣宗《广寒殿记》）。北京大量用的一种湖石，类似太湖石，而产地在长江以北，故称北太湖石。如北京房山区，河北易县，河南张郭，山东泰山、崂山及沿太行山往东一带都有所产。房山所产的湖石俗称土太湖石或房山石，其形体较太湖石为浑，多密布的小孔穴而少有玲珑嵌空。石产土中，因被当地红土所渍，石色呈赤黄色，比重较湖石大。河南

峭顶蟠根

敷庆万寿

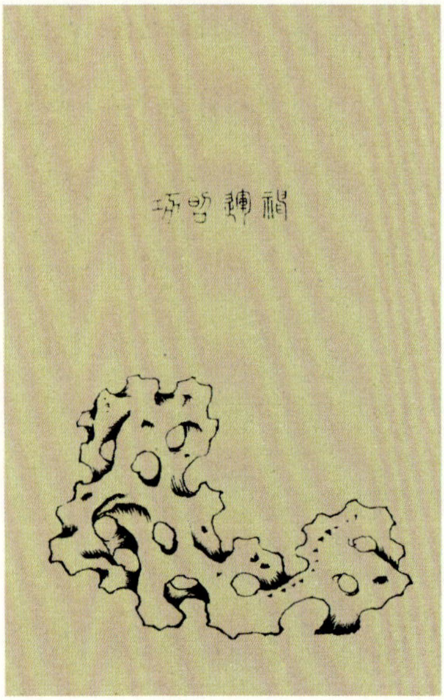

神运昭功

79

明刊《素园石谱》

中太湖石

（孟兆祯 / 绘）

产的一种呈淡黄色。北京北海琼华岛北山、静心斋及颐和园夕佳楼等处都是房山石。

江南一带还采用一种“宣石”。此石产于宁国市，其色洁白，多于赤土积渍，须用刷洗，才见石质，或梅雨天瓦沟下水，克尽土色。“惟斯石应旧，愈旧愈白，俨如玉山也”（《园冶》）。清代扬州个园，利用宣石做冬山。宣石体浑而无环洞等变化，也没有挺直棱角线。

2. 黄石、青石类：这类山石属于细砂岩，因含有不同的矿物成分而具有不同的颜色。黄石在华东、华南等地区均产。常州黄山、苏州尧峰山、镇江圌山所产较为著名。黄石是方解型节理，由于水流和风化等造成的崩落都是沿节理分解，形成大小不一、凹凸进出的不规则多面体。其节理面平如刀削斧劈，面与面的交线又成为锋芒毕露的棱线，质地坚硬，形体平正大方，浑厚朴实。常熟虞山的黄石自然景观和上海豫园的黄石大假山均为此石。图 80 为苏州虎丘黄石景观。此为国画之“大斧劈”、“小斧劈”和“折带皴”所宗。

青石的产地也很多。北京所用的多为北京郊区红山口小山所产。青石除了颜色青灰不同于黄石以外，其体形多呈片状，故又有“青云片”之称。青石纹理纵横交错，不像黄石那样规整，节理面亦少有方解型，因此青石多以横纹取胜，但也有墩状和竖直取胜的形体。

3. 石笋类：这是形体呈笋形或剑形山石的总称，并不限于钟乳石笋。北方也有称石笋为剑石的。石笋皆以竖用取胜，宜独立布置于粉墙前、竹林中，做对景。因石笋形体和其他山石差异很大，所以不宜混用。常见的石笋有以下几种：

百果笋：北方称为子母剑，即在一种青灰或青绿的砂石中夹有白色或其他颜色的卵石。图 81 为苏州网师园之百果笋。

乌炭笋：色灰黑如炭，亦有稍带点青灰的，北方有由圆明园移到颐和园之慧剑，高可数丈。

虎皮笋：青褐色，产云南。以尺论价，较为稀罕。质较脆。

80

81

80
苏州虎丘黄石景观
（孟兆祯 / 摄）

81
苏州网师园之
百果笋
（孟兆祯 / 摄）

4. 其他石类：岭南园林多用广东英德市所产之英石，具有色深、质坚脆、嶙峋突屹、皱纹深密、精巧别致的特点。多做特置、散置或小型石山。还有一种龙江石，属变质岩，具有斧劈面观。广东潮州一带则采用海边的“石蛋”置石，其形体厚朴、沉实、圆深、古拙，富于岭南园林的地方特色。

至于木化石、钟乳石、珊瑚石之类，仅做室内外之陈设。

以上归类并不是绝对的，不同地区也有同类岩层。而选石总的原则应该是“是石堪堆，便山可采”，这不仅是为了经济，同时也可以充分发挥各地的地方色彩。

（二）采石

山石有的产于水边、水底，有的半埋或全埋土中。因此开采的方法有所不同。宋代《云林石谱》关于开采深水中的太湖石有如下记载：“采人携锤錾入深水中颇艰辛，度奇巧取凿，贯以巨索，浮大舟，设木架，绞而出之。”水中采石多为渔人兼工。又谓采灵璧石：“石产土中，采取岁久，穴深数丈，其质为赤泥渍满，土人以铁刃遍刮凡二三次，既露石色，即以铁丝帚或竹帚兼磁末刷治清润……石底多有渍土不能尽者。”英石产溪水中，“采人就水中度奇巧处凿取”。《长物志》载：“英石出英州倒生岩下，以锯取之，故底平。”《云林石谱》记载采石笋的情况谓：“率皆卧生土中，采之，随其长短，就而出之。”

至于半埋土中之山石，须了解石根之深浅方能确定是否可挖掘出来。有经验的工人以掌拍石，听其声音而推测石根深浅以定取舍。

（三）**运石**

石既采出，紧接着就是如何运输的问题。在我国古代运输条件很有限的情况下，能远距离地搬运很多岿然大块完整的山石，而且可以完整无损地到达目的地，是一件非常困难的事。特别是太湖石，质地坚而脆，很多产石的地方并没有道路，非常容易损坏。根据宋代《华阳宫纪事》记载，所谓“神运昭功、敷庆万寿峰”，“广百围，高六仞”，能够安然无损地从江南运到汴京，的确是劳动人民创造的奇迹。《癸辛杂识》载：“艮岳之取石也，其大而穿透者，致远必有损折之虑。近闻汴京父老云：其法乃先以胶泥实填众窍，其外复以麻筋、杂泥固济之，令圆混，日晒极坚实，始用大木为车，置于舟中，直俟抵京，然后浸之水中，旋去泥土，则省人力而无他虑。”《吴兴园林记》载南沈尚书园运石的情况：“池南竖太湖石，三大石各高数丈，秀润奇峭，有名于时，其后贾师宪欲得之，募力夫数百人，以大木构大架，悬巨絙縋城而出，载以连舫，涉溪绝江，致之越第，凡损数夫。”以上记载生动地说明封建统治者为求己欲，不惜劳动人民的生命和血汗。

我国古代运石的技术包括起吊和水平运输两个环节：

1. 山石起吊技术：主要是运用起吊木架、滑轮和绞盘组成各种起吊的木构机械，结合人力进行起重的。由于石材体量不一，起吊的构架又分为以下数种：亦即《园冶》所谓“随势挖其麻柱，谅高挂以秤竿”所概括的做法。

①秤竿：假如有石重 500 斤欲起之使高，先用立架一具（图 **82**），一人之力即可起之。图 83 为大秤起吊的做法，其构架用杉篙扎成，这种大架可放数个秤竿同时起重，起重量较大，扎架费工而不易搬动，踩盘可以供人上去操作。更重的山石可

82
秤竿
（孟兆祯 / 绘）
83
大秤示意
（孟兆祯 / 绘）

82

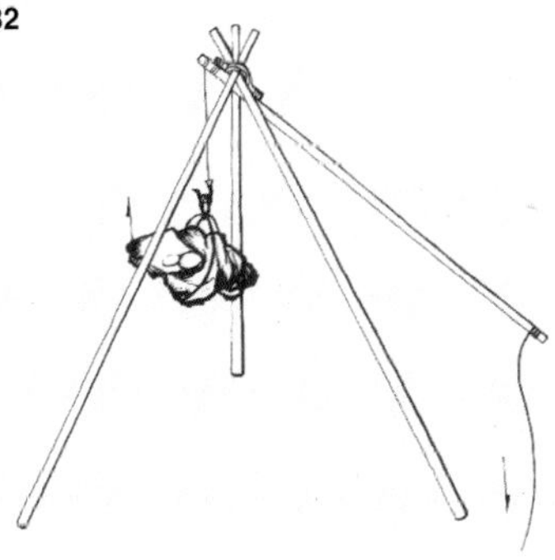

83

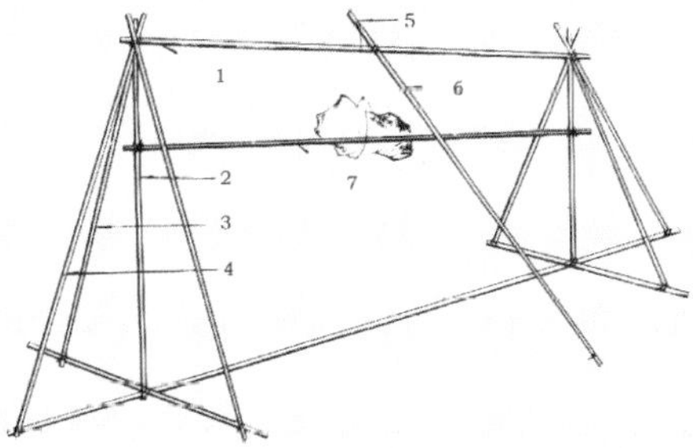

1. 承座；2 木橛；3. 戗木；4. 迎门；5. 秤头；6 秤竿；7. 踩盘

以用两个大秤，各伸出几个秤竿共同起吊一块山石。从流传下来的经验看，以三脚架较为稳定，而且可以用不同高度的支柱来适应复杂变化的地形。

②滑车：最初是用檀木外包熟铁皮制成的一种滑车，称为“舟”。用一个滑车叫作“舟一”，并用两个滑轮叫作“舟二”，一般多至“舟三”。后来从木滑车改用铁制滑车。滑车也是木架支撑，以人力绞盘为动力。

③龙门扒杆：是用两根杉木做成的轻便支架。先将两根木柱并铺地面上（图84），用双元宝扣套上两根木柱之顶端，以绳之一端绕二木柱数圈，再往两根木柱头上各套一圈后放于一侧，另一绳则只在一根木柱头上套一圈。支架竖起以后，这两根绳都用木

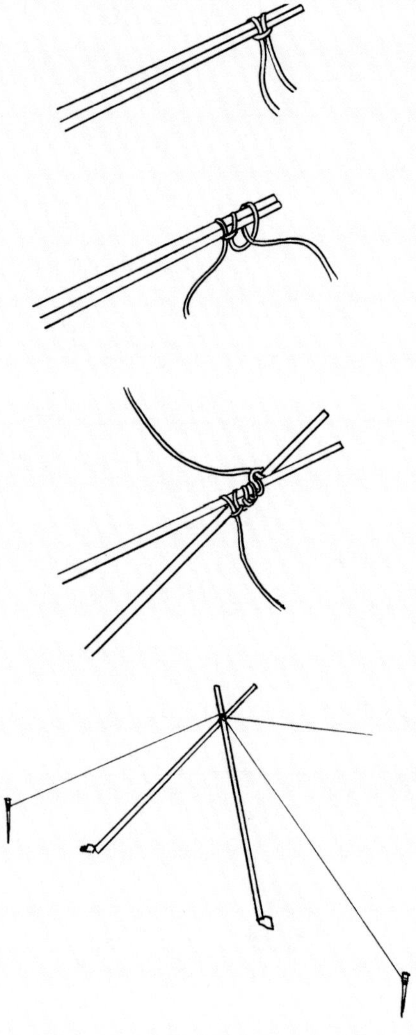

84
龙门扒杆
（孟兆祯 / 绘）

桩固定，在二柱交叉处挂上滑车即可起重。龙门扒杆较三脚架更为灵活，在两杆牵绳稳妥地放长一点后，支架可做一定程度的倾斜，利用这点倾斜，运用前拉后推的办法可做 1 ~ 2 米的水平移动。

另一种稳定支架的方法是四面以牵绳固定在桩上。如果在很小的空间里要起吊体量很大的石峰，也可以用巨大的独杆起重。独杆置于垫板上，基础加固，四面以牵绳固定，配以滑车、绞盘便可使用。

为了加固三脚支架，可以在木支架上加拉木。拉木又有分层式和退阶式两种（图 **85**）。

2. 引重技术：古称“引重”，即今之水平运输。石的水平运输大致上可以分为大搬运、小搬运和“走石”三个阶段。大

85
三脚支架
（孟兆祯 / 绘）

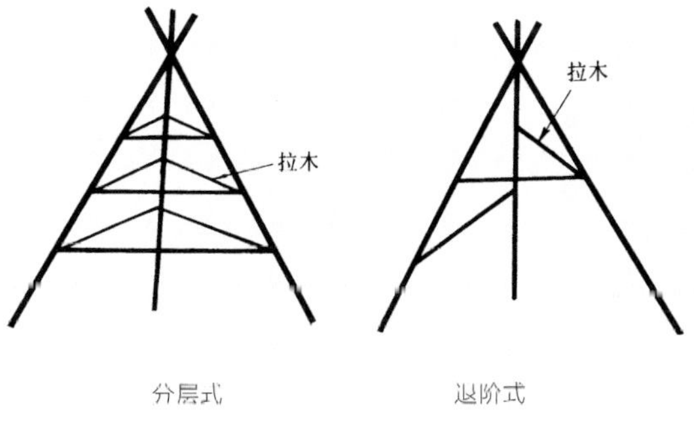

搬运是从采石地点运到施工堆料场。小搬运是从堆料的地点运到放置这块山石的大致位置上。“走石”则是在运输过程中或将山石放到大致确定的基本位置以后，为了在结构和外观上使山石放在最理想的位置，使山石做很短距离的平移或转动。

①“木地龙”：又称“旱船”，亦即古代所谓“大木为车”的做法。我国古代山石的大搬运多利用水运，这就是“便宜出水，虽远千里何妨”所总结的道理。如清代之扬州亦借盐船空返之便，装运山石以压船。既抵码头，则必须接以陆运的工具。一般不大的山石可以辇载，巨大的山石则往往是用“木地龙”配合滑车、绞盘等来完成的。如苏州留园的“冠云峰”就是利用“木地龙”从码头上岸过河桥而抵留园的。

“木地龙”采用坚实的巨枋两根，大头向上翘，小头略向上翘，二枋平行而设，枋间距离略小于所运山石的底宽，枋下设滚木若干，滚木下垫以厚木板，木板厚度力求均匀而上表面平滑，拉绳系于枋首，前拉后撬，并可利用滑车、绞盘，节省人力。转变方向时斜置滚木以逐渐折转。上坡时每拉动一次间歇时要马上在后面下坡方向垫以坚实而呈斜面的小木枋以防止倒滑。下坡时将木枋一步步地垫在前面下坡的方向。绞盘也可以配合下坡时向上坡方向稳定而逐渐放绳，以免下坡冲力过大而失去控制。

②绞盘：辘轳和绞盘一类的工具最初都是木制的，后来在着力的部位包以熟铁皮。绞盘既可用于起吊，又可做水平拉力，如图 86 所示，绞盘中心有底柱打入地下以稳定，木柱上套上一个木套筒。拉绳从山石系绳点通过滑车水平拉至木套筒下端，用人力转绞盘，拉绳在木套筒上由下至上绕五圈后由另一人牵引。每圈绳之间必须一一平接，绝对不能重叠挤压，以免绳子被压断而造成危险。

③人工抬运：我国古代大量山石的小搬运都是用人力抬运，历代假山工人在长期劳动实践中创造了一套安全操作的方法。

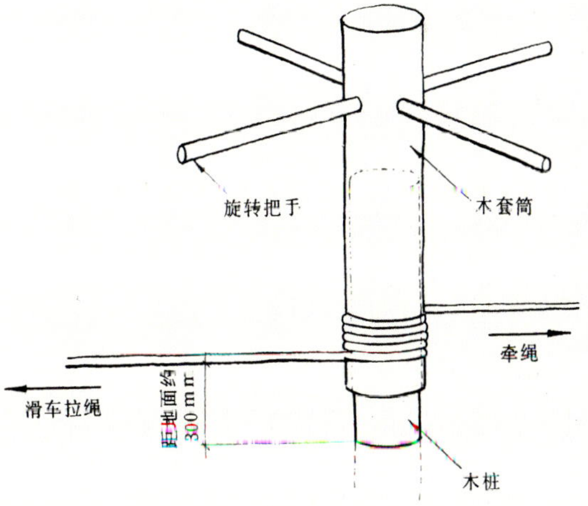

86
木绞盘
（孟兆祯 / 绘）

a. 绳扣

要求易结活扣、受力后牢实，拆下时易解。常用者如下：

元宝扣：江南一带称为“兔耳朵”。元宝扣是在运石中使用最为广泛和方便的一种绳扣（图 **87**），根据山石的长度先系一个双元宝扣于山石两端，然后用铁撬棍撬起石端使绳圈套入，令绳力均匀地抓住山石，绳力会合点在石之重心位置。收紧后，左手执左绳，左绳向左曲成双股。右手以右绳由前至后，从上到下地在双股左绳上绕两圈。用左手拇指和食指引第二圈绳向左从第一圈绳绕过去。再配合右手拉出原左绳之双股转折处即可系成。杠抬从两只“兔耳朵”中穿过。这个扣的优点是可以因行走的地形不同而随意调整抬绳的高度。因为在山石着

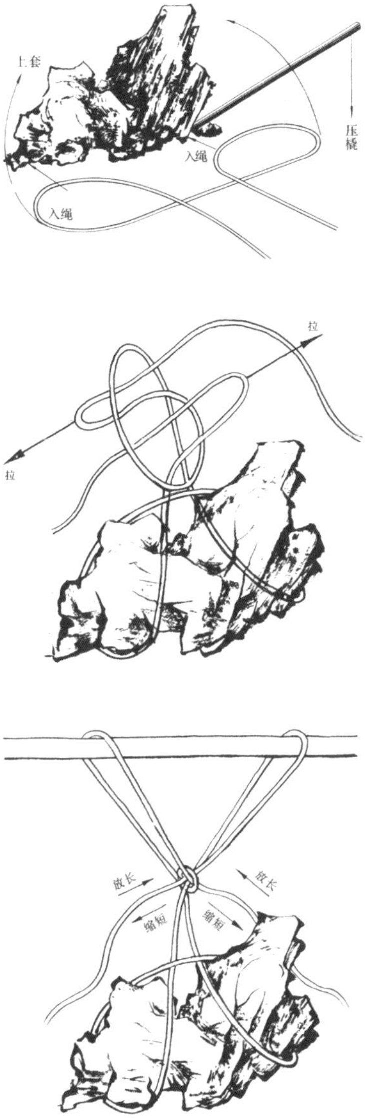

87
元宝扣
（孟兆祯 / 绘）

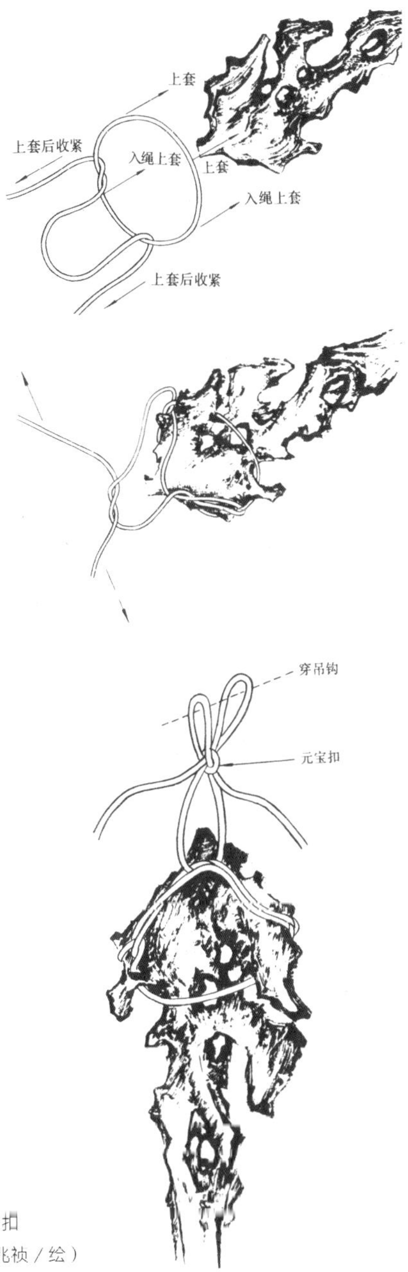

88
戴帽扣
（孟兆祯 / 绘）

地时，绳之两端和两只“兔耳朵”之间的长度可以相互调整。而一旦抬起以后扣就因石之自重而压实，绝对没有松扣或滑移的危险。

戴帽扣：起吊竖长石峰的绳扣（图 **88**）。立竖峰多使之上大下小。用绳先系一个一段的活扣，以活扣一面有结、一面无结之底圈套住石之大头适当部分。套时最好找到石上之凸出部分而系绳于其下，这时将两边的绳向石之大头方向拉，以其中未成结的一端由下而上地穿压在石之大头顶上绳之下，再与另一绳系一死扣，然后再系元宝扣便可牢牢地抓住石之顶峰。

鸭别翅：这是用于扎架起头或当石吊空中需要水平拉移时的一种绳扣。如图 89 所示，一般压一道即可。也可再压一道更为牢实。

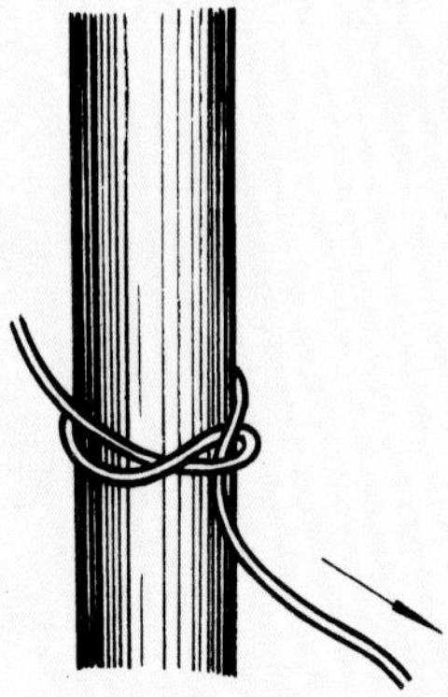

89
鸭别翅
（孟兆祯／绘）

b. 杠抬

《园冶》谓“绳索坚牢，杠抬稳重”。除了绳扣已如上述，在旱季如绳子过干还需浸水防滑和拉断。杠抬如图 90 所示。可分为直杆杠抬、加杆杠抬和架杆杠抬，以适应抬运不同体量和形状山石的要求。图上黑点表示人的面向。抬杠时均用碎步，前后协调。

北京地区抬运 200 斤以上的山石，有用“对脸”的抬法。即抬工对面而立，一方前进，一方后退，这样双方都可以看到所抬的山石，以便用力协调和均衡，不致因一方看不见山石而被砸伤。如果运距长而平坦，也可以采用对脸起杆，起杆后再倒肩，即退后的一方改为前进。倒肩必须严守顺序，由杆端开始向内，一一倒肩。南方有抬者两人脸皆向前，用横杆抬的方法。

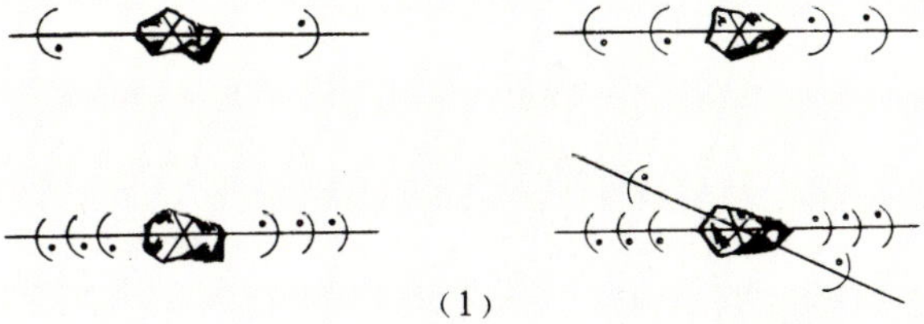

（1）
直杆式

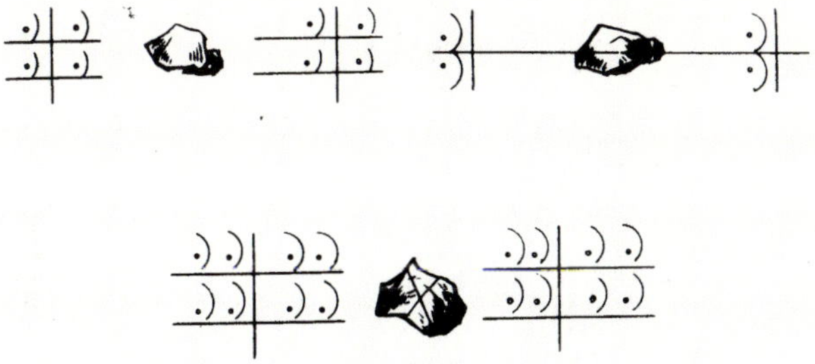

（2）
架杆式

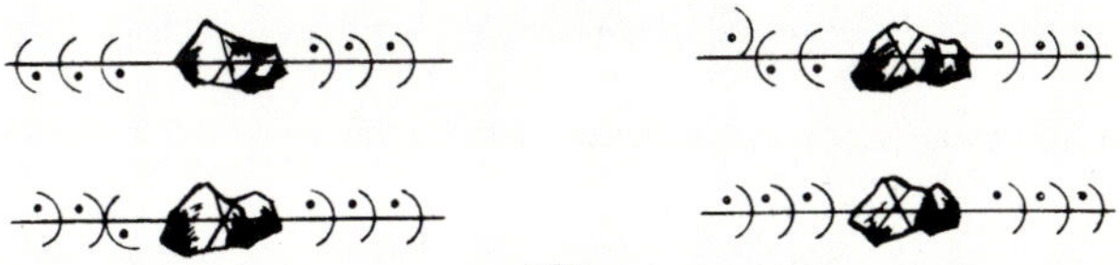

（3）
倒肩

90
杠抬
（孟兆祯／绘）

过重的杠抬周围应有专人引路并将肩臂给予抬者支扶，并有专人按住山石以防撞击抬者。

上下坡道时，应有人在杆端推和拉，如石底着地，则马上回杆，收缩绳扣后再走。

c. 走石

走石在江南一带称为“拔山”，就是用铁制撬棍利用杠杆原理翻转和移动山石。撬棍从 30 多厘米至 1 米多长不等，长撬棍用于运石，走石用的撬棍 30 ~ 60 厘米即可。用撬棍基本方法见图 91。在掇山的过程中，操撬棍之前必须检查立足之基石和走石之底面是否稳固，否则因操撬棍而陷落基石是很危险的。如石之体量大，可 2 ~ 4 人对脸而蹲，左手扶石，右手掌撬把并注视撬口。扶石为的是及时察觉石之稳

91
掇山
（孟兆祯 / 绘）

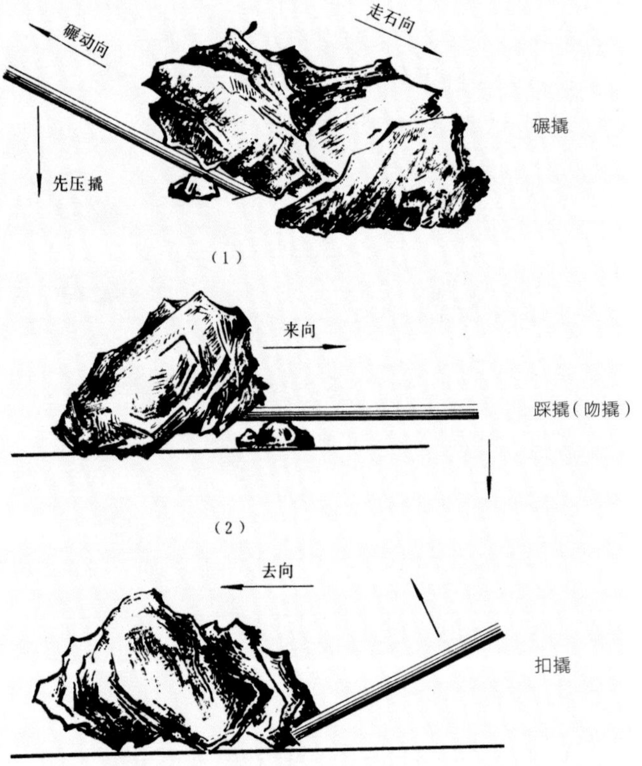

定性和走向，注视撬口是为了保证撬口咬稳石体，避免“脱口”伤人。走石动作宜缓不宜急，尽量避免震动和大幅度摆动，以免失去控制，造成事故。

（四）相石

相石是在已选用的石料内更具体地考虑哪一块山石用于哪一个位置。《园冶》所谓“取巧不但玲珑，只宜单点，求坚还从古拙，堪用层堆。须先选质无纹，俟后依皴合掇，多纹恐损”，都是相石的内容。相石和立意也是分不开的，对于掇山的成败影响很大。山石运进施工现场以后，必须散置平放而不可层堆，就是为了相石的需要。

明代《海岳志林》载米南宫相石法，“曰瘦、曰秀、曰皱、曰透”。清代李渔在《闲情偶寄》又做了具体的说明：“言山石之美者，俱在透、漏、瘦三字。此通于彼，彼通于此。若有道路可行，所谓透也。石上有眼，四面玲珑，所谓漏也。壁立当空，孤峙无依，所谓瘦也。”其实，山石因种类不一而审美的观点也不同，李渔所讲的只是太湖石一类的个体美。就掇山而言，更应着眼于套体，着眼于概括和提炼自然石景。就石灰岩岩溶景观而言，个体美并不是很好的山石也可以拼成组合单元，形成如洞、岫、沟、环和裂隙等自然景观。苏州环秀山庄之所以并没有什么奇峰怪石，却具有整体感很强的自然外观，还获得一致好评，和相石得法、用石得体是分不开的。至于黄石和青石一类山石，按照真自然景观的特点，应充分发挥其顽夯、浑厚、挺拔、雄劲和棱角分明等特点。如果用黄石去追求透、漏、瘦，则会弄巧成拙。

相石下了功夫，到掇山时便可胸有成竹，有条不紊地进行施工。黄宗羲《撰杖集》记述了清初掇山大家张涟相石有术的情况："涟为此技既久，土石草树，咸能识其性情，每创手之日，乱石如林，或卧或立。涟踌躇四顾，主峰、客脊、大岩、小礅皆默识于心。及役夫受命，与客方谈笑，漫应之曰：'某树下某石可置某所。'目不转视，手不再指，若金在冶，不假斧凿。人以此服其精。"吴伟业《张南垣传》谓张南垣："山未成，先思著屋，屋未就，又思其中之所施设……甚至施杆结顶，悬而下缒，尺寸勿爽，观者以此服其能矣。"都是指事先筹划的功夫。

古代匠师对相石极为重视，因此流传了一句行话，叫作"叠山之始，必先读石"。也就是对山石进行多方面的观察，因材制宜地安排具体位置。可从以下五方面着眼：

1. 质地：掇山应按各类山石所具有的成岩和演变的特征，将同一质地山石结合在一起。即使有特殊需要，也要将异质的山石分放在不同的空间或视域内，否则就违反了自然规律。因同一类山石也会有差别，故应尽可能将质地相近的放在一起，这不仅为了取得合乎自然的外观，同时也便于结构上的安排，如风化得很厉害的山石不宜做承重用等。

2. 体态：体积大的多用于做峰或压洞顶等显著的位置，小的可用作拼料。形状大致分为条形、板形、拱形、墩形。条形或竖用或出挑架梁等。板形可用作石矶、案面，或砌台阶和铺砌地面。墩形可散点或叠作洞柱、汀石、石榻、石凳等。拱形石用于架洞顶梁。楔形石用作拱券结构的洞或桥涵。重量大的用于平衡出挑的后压石。姿态好的用作特置、峰峦、洞口、飞梁底部，差的用作水位线以下、洞内暗处和垫衬的材料。

3. 皴纹：《园冶》谓，“方堆顽夯而起，渐以皴纹而加”。清初龚贤《画诀》说：“画石外为轮廓，内为石纹，石纹之后方用皴法，石纹者皴之现者也，皴法者石纹之浑者也。”假山在结构上和真山的区别，在于真山成岩以后是“化整为零”的演变过程，假山恰恰相反，是用山石“集零为整”的过程。山石本来是从具有皱纹的石山上采下来的，因此在掇山的时候就必须仿照自然山石皱纹的规律加以组合，否则便会像李渔所指出的人工堆石山的弊病一样：“如白衲僧衣，求一无缝处而不得。”

中国山水画总结了多种皴法，其中可作掇黄石、青石一类假山借鉴的有大斧劈、折带皴。可作湖石类借鉴的有荷叶皴、披麻皴、解索皴。应当指出，假山要做出皴纹变化是很不容易的，如果更简化一点，至少要分出横纹、竖纹和斜纹。可以一种纹为主，再辅以其他纹理的变化。

4. 阴阳向背：自然山石由于所处的位置不同，经过长期日光照射形成阴阳向背的变化。阳面色淡而枯涩，阴面色深而滋润，常有附生的苔藓之类，掇山时要尽可能反映这种自然的特征。

5. 色调：同一种类山石在色调上有很大的差别，产于水中之湖石色白而润，长期裸露在地表的石灰岩表面呈青灰色，也有整体青灰的“象皮青”，有的湖石被有色山土所渍而各具其色。因此，掇山时要善于利用这些色彩上的变化，把相近色放在一起，再逐步过渡到另一色度。扬州个园用青绿的石笋配合竹丛，寓意“雨后春笋”，点出春意；用白色太湖石配合庇荫乔木作“夏云”的收顶，点出夏意；用黄石和有秋色叶的树种点出秋景；用下暗顶白的宣石配合蜡梅，点出冬景，而组成四季假山，是运用山石质地和色彩造景的佳例（图 **92**、图 **93**）。

春山

夏山

92

扬州个园四季假山之春山、夏山

（宫晓滨／绘）

93

扬州个园四季假山之秋山、冬山

（宫晓滨 / 绘）

秋山

冬山

（五）置石和掇山

1. 布局

置石是以少量山石作点缀，以欣赏山石为主而不要求具备完整的山形，可观而不可游。掇山则是以大量的山石掇成具有山形变化的假山，山中有山路，可观可游。无论置石还是掇山，都不是一种单纯的工程技术，而是融园林艺术于工程技术的专门技艺。历代的假山匠师有不少兼工绘画或由绘事而来，如明代之计成、清代之石涛和张南垣等皆是。阚铎在《园冶识语》中谓“盖画家以笔墨为丘壑，掇山以土石为皴擦，虚实虽殊，理致则一”。掇山必须是“立意为先”，而立意必须掌握取势和布局的要领。概要而言，可归纳如下八点：

①有真有假，做假成真

这是《园冶》论掇山至要之理。要达到“虽由人作，宛自天开”的境界，必须以写实为主，结合写意。从极为丰富的自然山景中概括和提炼其精髓加以局部夸张，力求实现李渔所谓“一卷代山，一勺代水”的效果。在结构上则要保证稳定牢实。真山的岩石种类是相同种类分布在一起的，因此假山用石要统一，忌混用在一起。

②山水结合，主次分明

宋代李成《山水诀》谓：“先立宾主之位，次定远近之形，然后穿凿景物，摆布高低。”山水是远景的骨架，二者相得益彰。山水之间主次分明，如苏州拙政园以水为主，而环秀山庄以山为主，北京颐和园后湖因山口紧锁而水面收缩，等等。

③先定轮廓，再理精微

李渔说：“先有成局而后饰词华”是谓造山的章法。要根据环境首先确定假山的内容和作用，并具体制定山之体量和轮廓。要求“远观势，近看质”，峰、峦、岭、谷、壑、穴、岫、洞、悬崖、台、飞梁、汀石、泉、瀑、溪、潭、涧、池，都要俨如自然。

④独立端严，次相辅弼

就假山本身而言，无论整体或局部都有主次。布局时先定主峰的位置和体量，再辅以次峰和配峰。“主山最宜高耸，客山须是奔趋”，“主山正者客山低，主山侧者客山远。众山拱伏，主山始尊。群峰互盘，祖峰乃厚”。即使散置山石也要大小相间、顾盼呼应。龚贤《画诀》谓“石必一丛数块，大石间小石，然须联络。面宜一向，即不一向，亦宜大小顾盼。石下宜平，或在水中，或从土出，要有着落”，“石有面、有肩、有足、有腹，亦如人之俯仰坐卧，岂独树则然乎”。

⑤三远变化，步移景异

宋代郭熙《林泉高致》说："山有三远。自山下而仰山巅，谓之高远；自山前而窥山后，谓之深远；自近山而望远山，谓之平远。"又说："山近看如此，远数里看又如此，远十数里又如此，每远每异，所谓山形步步移也。山正面如此，侧面又如此，背面又如此，每看每异，所谓山形面面看也。如此是一山而兼数百山之形状，可得不悉乎？"假山多近、中距离观赏，须运用"以至近求极高"的手法方可奏效。

⑥因地制宜，景以境出

我国假山既有统一的民族风格，又有不同的地方特色。因此要结合材料、功能、建筑和植物的特征，以及结构等方面考虑，做出所在地区特色来。景以境出是根据不同的环境设景，根据空间的特征掇山。如厅堂多面观景，书斋闭锁宁静，楼台以山为梯，阁山便于登眺，峭壁山"借以粉笔为纸，以石为绘"，等等。既满足使用功能的要求，又可成景得景。空间大小不一，安置山石要有合宜的尺度和比例，要有整体感。

⑦寓意于山，情景交融

就是说写诗情、立画意于山，以达到"片山多致，寸石生情"的效果。在历史上最初是赋形题咏，如唐代李德裕平泉庄之做法，逐渐用于假山峰石之象形，后来又发展到寓意于山。

94

苏州留园之特置山石——冠云峰

（孟凡玉／摄）

95

北京颐和园之特置山石——青芝岫

（朱强／摄）

除象形之寓意外，还有寓四时景等做法。其中有些矫揉造作，或是反映封建糟粕，应当剔除，其中取自自然的寓意，可批判地吸取。

⑧对比衬托

利用周围景物和假山本身，做出大小、高低、进出、明暗、虚实、寂喧、深浅、曲直、缓陡等对比而统一的变化。

2. 置石

①特置

江南一带称为立峰。这是山石的特写处理，常选用单块、体量大、姿态富于变化的山石，也有将好多山石拼成一个峰，例如苏州小灵岩山馆诸峰。特置相当于树木的孤植，这种山石如果混用于一般则会埋没特点。宜用作障景、对景和局部构图中心，亦可置于路之尽端或转折处，以及其他视线集中的庭间、池中或地穴、漏窗之中。如苏州留园以“冠云峰”（作为东部的构图中心）（图 **94**），北京颐和园仁寿殿和仁寿门之间的特置以及乐寿堂前的“青芝岫”（图 **95**）等。

特置山石的体量须与环境相称。从前置框景看过去要障中有露，引人入胜。忌因石之体量过大而产生壅塞、压抑的感觉。扬州瘦西湖用小峰石和凌霄组合成对景，和周围空间取得了合宜的比例关系（图 96）。特置往往在中轴线上，无轴线处理时，则设于游览路线的对景处，才能充分发挥效果。太湖石之靠山面难免有凿痕，少有四面玲珑者，所以特置要选择最好的面向，露巧藏拙，发挥多面欣赏的效果。最好的面向着主要视线，其次的面向着次要视线。特置的基座古称为“磐”，用于调整高度、协调环境和陪衬特置山石。在整形布局中多用各式须弥座，而自然式布局中可以天然山石为座。如缺乏整块山石，可以用拼峰的办法。图 97 中的特置为数十块湖石拼成而犹如整块一样。

96

97

96
扬州瘦西湖疏峰轩附近之特置山石
（孟兆祯 / 摄）

97
南京莫愁湖之拼峰
（孟兆祯 / 绘）

古代园林的特置多用石榫头来稳定，稳定的要领在于掌握重心，如图 98 所示，石榫头必须循石之重心线开凿。石榫头的长度和石之重心高低有关，安置竖长高大的石笋做特置，其石榫头较长。北京故宫乾隆花园特置石笋之榫头几近基座底面，一般石峰仅几十厘米。由于峰石上大下小，石榫头要尽可能争取最大的直径，距石底周边几厘米就可以了。石榫头只是稳定石峰的加固设施，主要的稳定措施是峰石自身重力的平衡，因此，石榫头要做得比榫眼的长度稍短一些。落榫以后，石榫头之顶到榫眼底部有些空隙，这样才能保证石榫头外围之周边和基座榫眼外围的石面接触，峰石之重力便由峰石底面周边均匀地传递到基座上，再传到基础上。在这样自身稳定的条件下，再将胶结的材料充满这个小空隙，使之联系成为一个整体，就非常稳定了。

特置山石除了用石榫头稳定之外，对于底面积过小而质地坚脆的山石，也有以石之整个底端插入基座，如重心不稳可加重力石垫片以求平衡。在拆迁明清假山时还发现有以铁片作重力片，再以铁屑盐卤灌入使结合紧密的做法。铁片、铁屑和盐卤作用后，体积膨胀，可提高密实度。颐和园乐寿堂前之“青芝岫”则是坐落在地面上，然后将基座分片而包嵌在石的周围，基座外观如同整块，但和山石相接部分又可

1. 峰石底部
2. 基座
3. 空隙
4. 峰石
5. 重心线
6. 石摔
7. 石槽
8. 基座（磐）

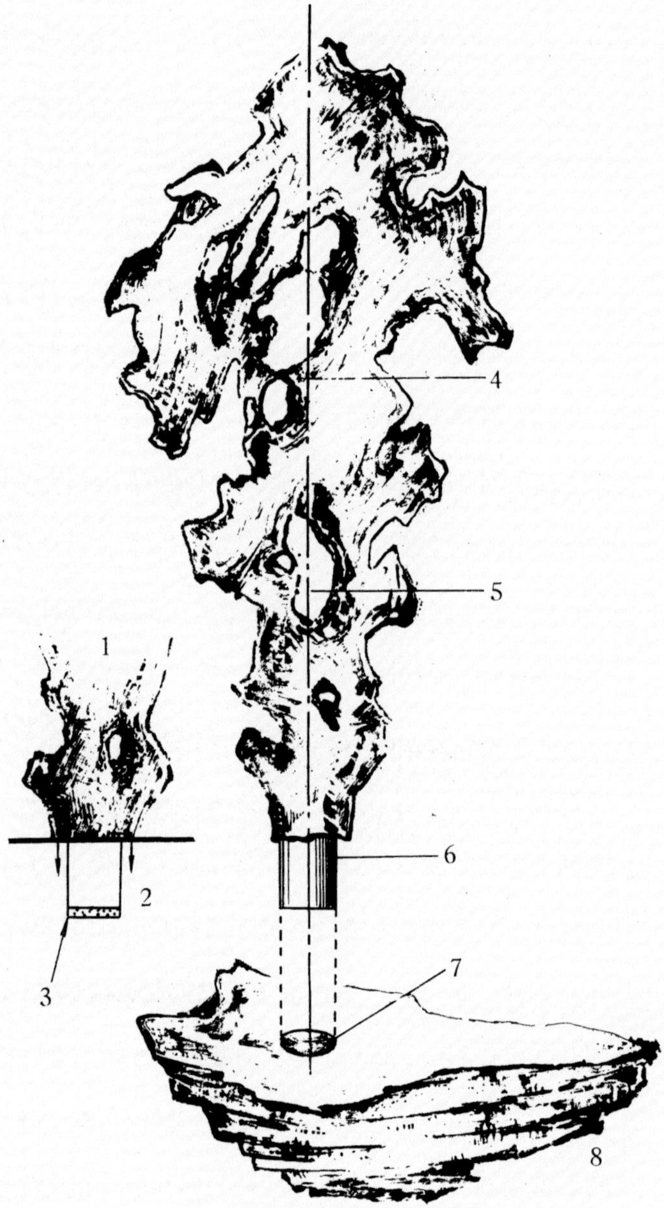

98

峰石插入基座

（孟兆祯 / 绘）

以严丝合缝，而且着生在地上的地锦也可以扎根地下而枝叶上盘，交织地贴在石面上生长。总之，特置山石本身的重心稳定是关键的。

②散置

散置又称“散点”，对山石的要求略比特置低，以石之组合衬托环境取胜，常用于点缀庭院、廊间、桥头、路旁、山脚、山坡、水边或点缀建筑、装饰角隅等。散点要做出聚散、主次、断续、呼应的变化。北方因石量不同而分为大散点和小散点。大散点亦即群置。苏州网师园之蹈和馆，琴室结合花台在粉墙前做散点，具有蹲卧和俯仰的变化（图99）。苏州耦园内园门前散点黄石以强调入口（图100）。

在土质较好的地基上做散点，只需开浅槽夯实素土就可以了。土质差的可以碎砖瓦之类夯实为底，或做灰土基。大散点结构类似掇山；壁山的散点，要选用和墙面吻合的石面做侧面向外的交接用，外观上看去和墙面浑然一体。

在古代园林中还有用山石做自然式家具的做法，室内外皆可陈设，如石榻、石屏、石桌、石几、石凳、石栏等，可以结合使用功能点缀景色。清代李渔在《闲情偶寄》中说：“若谓如拳之石亦须钱买，则此物亦能效用于人，岂徒为观瞻而设。使其平而可坐，则与椅榻同功；使其斜而可倚，则与栏杆并力；使其肩背稍平，可置香炉茗具，则又可代几案。花前月下，有此待人，又不妨于露处，则省他物运动之劳。”无锡惠山东麓之听松石床上刻有唐代李阳冰所书“听松”二字，选石得体，是现存较古的实物（图 101）。

布置石几案一类的山石，要打破一般家具规整的格局，充分利用自然石形巧为安置。位于室外的，在尺度方面要与环境相称。北京中山公园水榭南面一组青石桌凳，利用天然石形成平仄搭配，石桌之支墩伸出而兼作石凳，另几个石凳又做单点，比较自然（图 102）。

③掇山

a. 立基

《园冶》论假山基谓“假

99

100

101

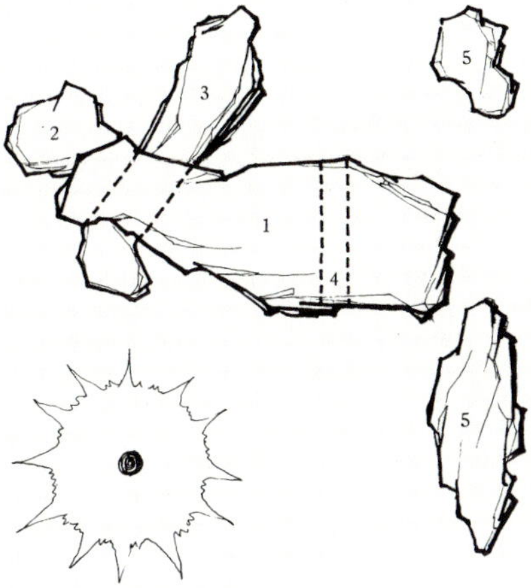

1. 山石桌面；2. 石桌支墩兼石凳；
3. 石桌支墩兼石凳；4. 石桌支墩；5. 石凳

102

山之基，约大半自水中立起，先量顶之高大，才定基之深浅”，又谓“掇山之始，桩木为先”。说明假山的堆叠必先有全局在胸，才能确定假山基础如何而起，如果不是胸有成竹，到了假山起出地面以上，再想增很高或挑出很远就困难了。假山之重心线必须以基础为限，重心偏过一定范围，即“稍有欹侧，久则逾欹，其峰必颓”，因此“理当慎之”。由于各地土壤虚实不同，做法有所不同。

99
苏州网师园蹈和馆之散点山石
（孟兆祯／摄）
100
苏州耦园之黄石散点
（孟兆祯／绘）
101
无锡惠山所存唐代“听松”石床
（孟兆祯／绘）
102
北京中山公园水榭南面青石桌凳平面
（孟兆祯／绘）

桩基用于临水假山基或土壤承载力差的地方，桩之顶面直径约十几厘米，一般是按梅花形布置，故称“梅花桩”。桩之边距约 20 厘米，桩长一般为 1 米多，视具体条件而定。如苏州拙政园水边山石驳岸之桩长 1.5 米，北京颐和园的桩 1 ～ 2 米。有的桩尖打到硬层成为承重桩，硬层深的就打不到硬层而成为摩擦桩。上述拙政园的桩木就是打不到硬层的摩擦桩。桩木露出湖底十几厘米至几十厘米，桩间用块石嵌实，桩顶用花岗条石压，这种做法叫作“大块满盖桩顶”。条石上面才是山石，条石应在低水位线以下，这样不仅为了美观，也为了常年埋入水中的桩木不易腐烂。

扬州地区多为沙土，土壤不够密实。除了用木桩以外，还有灰桩和瓦砾桩的做法。桩径约20厘米，桩长60 ~ 100厘米不等，桩距50 ~ 70厘米。于木桩顶穿铁杆，木桩打至一定深度再拔出来，然后用块灰填入加以捣实，凝固后便成灰桩。如用瓦砾填实则为瓦砾桩。扬州这种做法是合乎当地特点的，因为其地下空隙多，通气条件好，在土壤含水分时木桩容易腐烂，同时扬州木材也少。苏州土壤较坚实，一般用块石或片石以小头打入地下就可以作为基础，称为“石钉”。

北方园林中的假山多采用灰土基础，如北京的地下水位不高，雨季集中，灰土有好的凝固条件，加之灰土凝固后水渗不进，可以减少冻胀的破坏。灰土基槽如宽度比假山的底面积宽出50厘米左右，基槽深度一般为50 ~ 60厘米，如假山较高，还要加深。2米以下的假山打两步灰土。一步灰土即布灰30厘米，踩实为15厘米的虚灰土，再夯实为10厘米厚。灰土一定要选用新出窑的块灰在现场泼水化灰，采用3 ∶ 7的灰土比。布灰后先盖竹席踩实，再用木夯干打。夯要顺序前进，头夯、二夯打下以后，三夯打于一夯、二夯之间，这样一夯压一夯可提高密实度。干打完后用水浸透，等些时间再用水拍板拍打，称为“水打”。“水打”先由干打成湿的，直至打不出水为止，等到凝固以后，就好像人造石料一样。北京帝王宫苑内往往采用断面很大的灰土层，而且白灰的比例大，足可有效地防止冻土破坏假山基础。

b. 拉底

就是在假山基础上铺置底层的山石，即《园冶》所谓“立根铺以粗石”的做法。因为用于拉底的石头只有部分露出地面以上，同时又受压最大，所以只要大块石头就可以，不必使用姿态好的山石。古代匠师称底石为叠山之本，因为假山在平面上和立面的变化都立足于这一层，底面要为往上面砌的假山创造良好的衔接条件。底石如果不打破方整的格局，则中层叠石亦难以变化。底石的材料要大而质地坚实、耐压，不允许用风化过度的山石拉底。拉底的要点有：

朝向：主要视线方向的面定为主要朝向，再尽可能照顾次要朝向和更次要朝向，简单地处理视线不可及的一面。

活用：用石灵活，分清纹理，掌握石之大小和形态变化，然后因材施用，大小山石相间。

错安：即假山底脚之轮廓线忌同砌墙一样平直，应该是犬齿相错，首尾相连，高低不一。在平面上形成具有不同距离、不同宽度、不同角度和深度的斜“八”字形或曲尺形，按照中先考虑的具体位置逐一地错安。

断续：即做出一脉既毕余脉又起的自然景观，为做出“下断上连”“旁断中连”等变化和山脚部分各式各样的虚实变化创造条件。

亲靠：从结构上讲，同一组的山石要互相亲靠，接口紧密，利用茬口互相咬住以加强整体性。外观上有断续错落的变化必须建立在结构上整体性强、稳定性强的基础上。如茬口间有空隙，应用石块轻轻打进使之亲靠互相钳住（图103）。

找平：即一般是大而平的面向上，并凭眼力找平，为砌中层石创造衔接的条件。但并不要求所有的底石都是大面向上，也可以间有小头向上，两相邻小头向上的山石之间形成上大下小的空隙，这样，中层石便可以小头朝下嵌入空隙中（图104）。北方多采用满拉底石、一次砌成的办法，整体性强。南方则因无冻胀破裂，多采用拉周边底石层的做法。

中层：即底石以上、顶层以下的部分，

103
亲靠
（孟兆祯／摄）

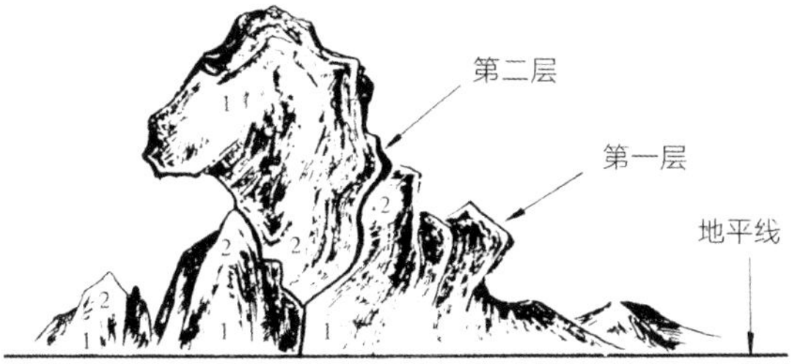

104

105

也是占体积量大、触目最多的部分，用材广泛，形式和结构变化多端。其要点是平稳和连贯。平稳：和底面一样，一般以大而平之面向上，与底石衔接之面可用石垫片找平（图105），中层结构庞大，互相制约，往往因一石之差而导致大片地坍塌。连贯：上下左右的衔接要争取最大的接合面，要避免上下衔接后，在下面山石的上端闪露狭小的石面，这一做法被称为“避茬”。一般认为“闪茬露尾”不美观，同时也导致石间没有足够的接合面。但这也不是绝对的，有时为了在上面做变化而预留石茬，等再往上叠时就盖住石茬了。

偏安：如在两块底石上再压上一块山石，则此石应避免和下面两块石形成“品”字形。必须偏安于一侧以突破平板的格局，同时又为向各个方向的延续创造变化的条件。

避“闸”：板条状的山石一般要避免仄立，仄立就显得像闸

104
大小头接合
（孟兆祯／绘）
105
找平
（孟兆祯／摄）

板一样，在仄立的山石上支撑其他山石很不协调。但根据所仿自然景观的需要，也不是绝对不可以用，特别是做卧式的余脉处理等，但要用得很巧。

平衡：即《园冶》所谓“等分平衡法”，“悬崖使其后坚”是此法的要领。如要有上悬下收的效果，必须掌握重心。山石往往是一层层地向外挑出，挑出以后重心就前移了。因此，要有数倍之重力压在内侧以平衡由于出挑产生的力矩。

c. 收顶

收顶即最上面一层山石的处理，对于山体的轮廓线和结构都很重要。收顶一般由立峰、结峦和配峰组成。主峰要选用轮廓和体态都很突出的山石，如果没有大块的峰石，可以做成“拼峰”。立峰可立，可蹲，可斜，分别做成剑立式（上大下小，挺拔竖立）、斧立式（上大下小，形如斧锤）、流云式（横向挑伸，形如云片横逸）、斜劈式（势如倾斜岩层，斜伸而上）、悬垂式（仿钟乳石从上面倒悬下来）或其他形式。主峰位置不宜居于正中部位。峰石本身亦不完全正对主要朝向，稍居偏侧，能够既免于主峰本身流于呆板，也容易和次峰、配峰取得呼应。次峰是仅次于主峰的完整峰顶，用以衬托主峰。次峰和配峰都要力求简练，布置时和主峰取得均衡、趋承等变化，并利用植物点缀成完整的画面。结峦是收圆形山头的做法，轮廓圆曲、秀丽。《园冶》谓“峦，山头高峻也。不可齐，亦不可笔架式，或高或低，随致乱掇，不排比为妙”。平顶式收顶多用于山上做台，台边做成自然的石栏或与建筑组合成完整的山顶。

收顶在结构上的作用，主要是“合凑”和镇压，使重力均匀地分层传达下去，因此除了姿态要求外，还要选用体量大的山石，往往顶上一石压住下层几块山石。

d. 山石结体的基本形式

假山虽有峰、峦、洞、壑等变化，但就山石之间的结合而言却可以概括为十种左右的基本形式。北方的工人流传“十字诀”，即安、连、接、斗、挎、拼、悬、剑、卡、垂。此外，还常用挑、飘等。江南一带流传“七字诀”，即叠、竖、拼、压、钩、挂、撑。两相比较，有的是共同的，有的即使名称不一样，但同属一个内容。例如接即叠，剑即竖，垂即挂。

安：是指安置山石，放一块山石叫安一块山石，强调这块山石放下去要安稳。其中又有单安（图 **106**）、双安和三安（图 **107**）的做法。双安就是在两块不相连的山石上面安一块山石，下断连，由此构成环洞，余类推。安石又强调巧安，即把数块本身并不玲珑的山石，经过组合而形成玲珑的变化。图 108 为南京瞻园置石之细部，用一块山石安于两块山石之上端，由于

106

108

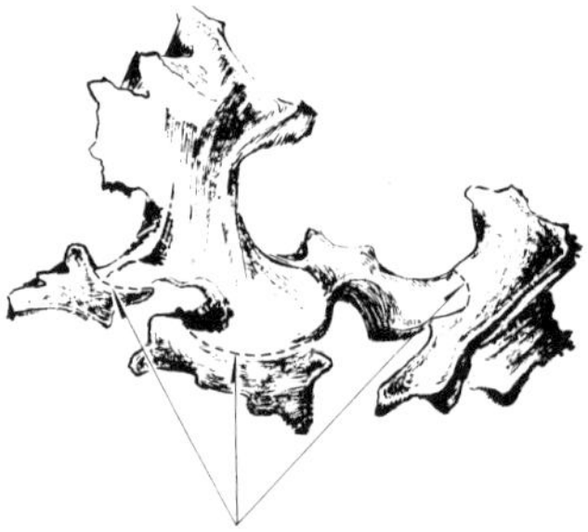

107

109

在下面出现通透的变化，丰富了轮廓线而又有虚实对比。

连：山石之间水平搭接称为“连”。要使其方向进出多变，高低错落，间距不等方可生巧（图 109）。

接：竖向叠接以构成一大块完整的山石形象（图 110）。接石主要根据山形部位的主次依序接合，也可以横纹为主加以少量竖纹组合，相互对比衬托。

斗：置石成拱状，腾空而起，两端搭架于二石之间（图

106
单安
（孟兆祯 / 绘）

107
三安
（孟兆祯 / 绘）

108
南京瞻园之“巧安”
（孟兆祯 / 摄）

109
连
（孟兆祯 / 绘）

111）。北京故宫乾隆花园第一进庭院东部偏北的山上可以明显地看出这种结体的关系，山路从架空的空当中间过去，甚为险峻。

挎：如石之某侧平板，可旁挎一石以全其美。挎石常用铁活加固（图112）。

拼：由于空间大小的差别，当石材太小单独安置会感到零碎时，可以将数块甚至数十块山石拼掇成一整块山石（图113）。拼石最好是勾内缝，而外接面争取合缝，也可以做成自然裂缝的形式而内部联系形成整体。这个“拼”字实际上包含了其他结体的字，亦可统称为拼。

悬：在下层山石共同组成的竖向洞口上，放进一块上头大下头小的山石，从竖向洞口悬于当空的做法。多用于湖石类山石仿石钟乳之悬空（图114）。

剑：以竖纹取胜之石，竖直而立称为“剑”，多用于各种石笋或其他竖长的山石。承德之磬锤峰即自然之“剑”（图115）。剑石若单块而立，其地下部分必须有保证稳定的足够长度，并用石块垫紧夯实。从造型上要避免“排如炉烛花瓶，列似刀山剑树”，一般石笋都宜独立布局而不宜和其他种类的山石混用，否则很不自然。剑石本身也忌呈“山”字形、“川”字形和“小”字形。图116为承德避暑山庄烟雨楼假山上“剑”

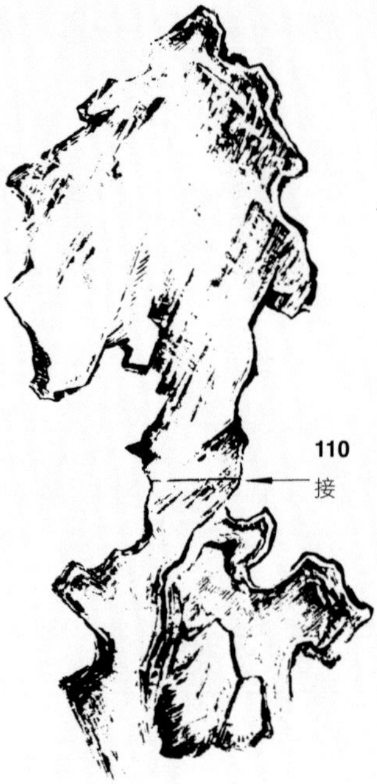

110
接

111
斗

112
挎

113 拼

114 悬

（本页图均为孟兆祯绘制）

115

116

115
承德磬锤峰
（孟兆祯／绘）
116
承德避暑山庄烟雨楼之“剑石”
（孟兆祯／绘）

之做法，挺拔雄劲，主次分明，构图完整。苏州网师园利用廊间不到一平方米的小天井，用小百果笋和紫竹成功地布置了一幅小品，丰富了空间的变化（图117）。

卡：下层由两块或两组山石组成。二石各以斜面相对而不相连，形成一个上大下小的缺口，再用一块上大下小的山石从缺口中徐徐放下，待斜面之间完全接触以后，这块山石因卡住而稳定了。承德避暑山庄烟雨楼前假山以“卡”做成峭壁山顶，结构稳定，外观自然（图118）。

垂：从一山石上面之企口处，用另一山石之企口从上面

117 苏州网师园廊间石笋（孟兆祯／绘）

相接而垂挂其下端称“垂”（图 119）。图 120 为清代扬州小盘谷假山峭壁上沿“垂”之外观，由于有山岫的衬托，轮廓分外明显。

挑：又称“出挑”，即上石借下石为支承而挑伸于外，再以数倍于上石重量之山石平衡之（图 121）。

假山中之环、岫、洞、飞梁，特别是悬岩，都是用这种结体的形式。图 122 为清代扬州寄啸山庄以条石做挑的做法，因坍掉了外层湖石而结构毕露。如果要求出挑多，可以分层逐渐向外挑，故有单挑和重挑之分。如上石从下石之两端外侧挑出则称“担挑”。如果挑头伸出上表面轮廓线的部分过于平滞，

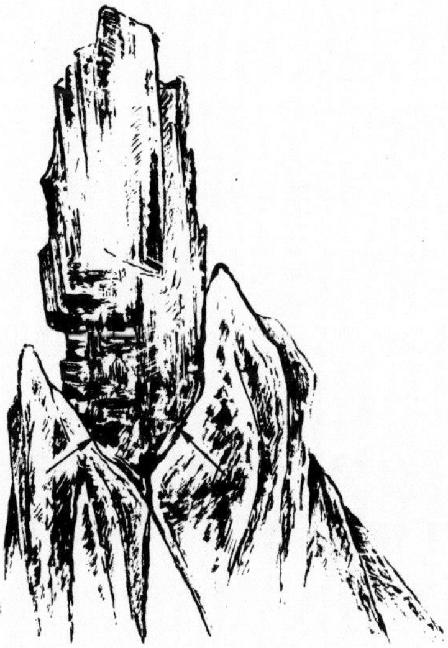

118 [illegible]

（孟兆祯／绘）

119 垂

（孟兆祯／绘）

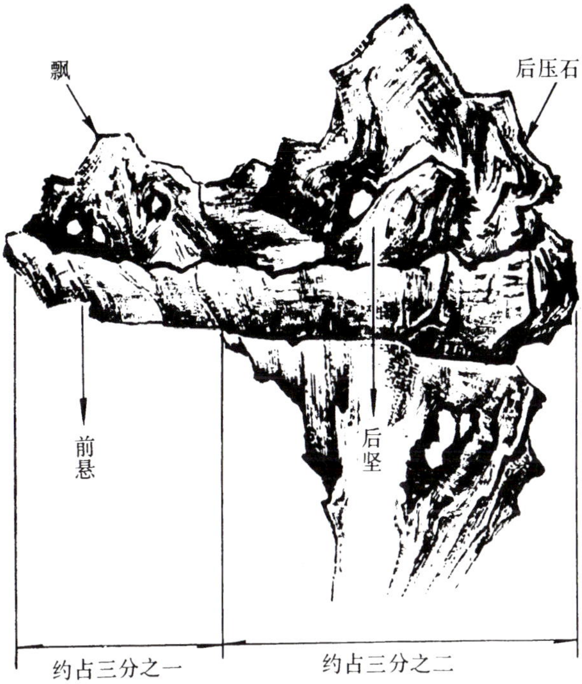

121

122

120
扬州小盘谷“垂”之外观
（孟兆祯／绘）
121
挑
（孟兆祯／绘）
122
扬州寄啸山庄用条石做假山骨架的做法
（孟兆祯／绘）

可以在上面接一块较小的山石来弥补，接于挑头外侧上端的山石称“飘”。扬州个园之黄石假山有把飘立石竖峰的做法。一段一层最多挑出石本身长度的三分之一，从古代园林现存的作品来看，整个悬崖挑出大多在两米以内。出挑的要点是忌单薄而求浑厚，要挑出一个面来，因此要避免成直线向一个方向挑，最好是和下面的山石成不同角度多层出挑。可参考常熟虞山黄石自然出挑的情况。再就是要巧于安置作为“后坚”的山石，在外观上结合造景，如兼做洞顶“合凑”收顶的压顶石或立峰、结峦等，使观者只能明显地看见悬崖而觉察不到用以平衡的“后坚”用石。如挑头上允许上人，则应将人的重量计算在内，以求得“其状可骇”而又万无一失的效果。因此，出挑要控制视距，叠到人的视线高度以上再出挑，这样，观者只见其前悬而难见后侧，从而取得形势险奇的景况。

图 123 为清代扬州某园出挑悬崖之做法，观者但见其前面和两端侧面，看不见用于平衡重力的“后坚”用石。从外观上看，似乎山石可能会坠落，实际上所选用山石从侧面看前大后小，但在平面上，这块山石后面很大，足以平衡挑出的重量，是很稳固的。图 124 为上海豫园快楼之悬岩，逐层出挑共两米多，“后坚”藏于岩后，颇具自然悬崖险峻之势。

123

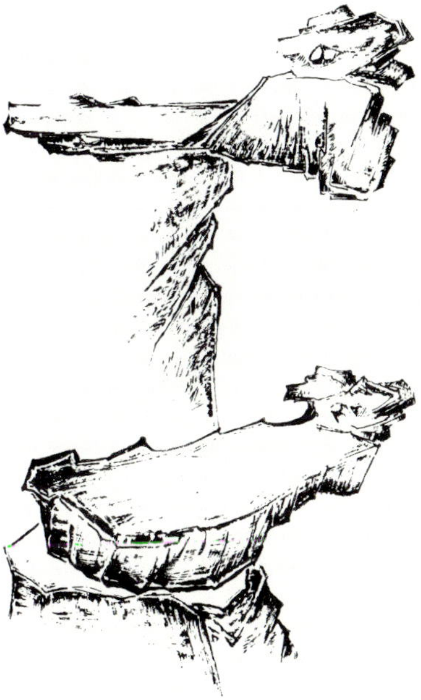

124

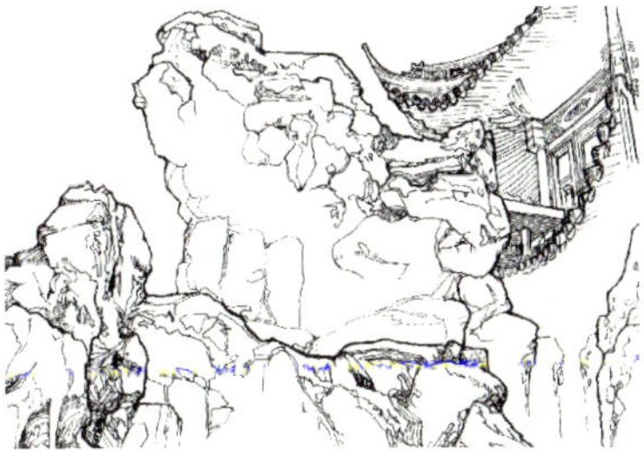

123
扬州某园“挑”
（孟兆祯／绘）
124
上海豫园快楼悬岩
之挑法
（孟兆祯／绘）

在施工过程中，每做挑石，必须用木柱顶在挑出山石之底部，这主要是表示这块山石尚未完工，不得上人。挑石必须靠本身的稳定而不能借柱力稳定，待加上后坚用石并连成整体后便可拆除木柱（图125）。苏州环秀山庄幽谷上部有飞梁横空，其结构为下挑上拼，即其底部由两边峭壁逐层出挑形成挑梁，上面再以山石拼压，犹如一整块构成，难辨真假。

撑：即用斜撑的力量来加固山石，北方称为“戗”。撑石要掌握合宜的支撑点，加撑以后在外观上犹如自然的整体。“撑”不仅在结构上起支撑作用，外观上还可以形成余脉、卧石或洞、环等变化。图 126 说明了撑的做法。扬州清代的个园在湖石夏山山洞中，做撑以支撑洞顶和形成余脉变化。作者按照石灰岩侵蚀岩洞的自然规律，统筹地解决了结构和景观的问题，并利用支撑山石组成的小洞口采光，合乎自然之理（图 **127**）。

图 128 为扬州个园黄石假山洞用“托”的做法，增加了洞口的变化。

应当着重指出，以上这些方法都是历代的假山匠师从自然岩石景观中逐步概括、总结来的。不难看到，它们都来源于自然山景，

125

126

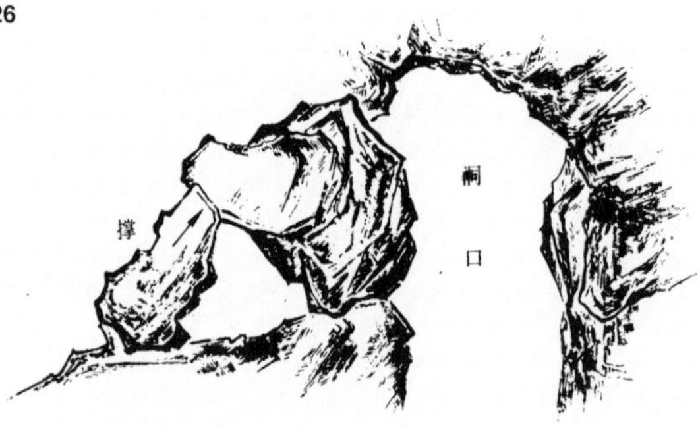

127

125
“挑石”支柱
（孟兆祯 / 摄）
126
撑
（孟兆祯 / 绘）
127
扬州个园夏山之“撑”
（孟兆祯 / 绘）

例如黄山的“蓬莱三岛”和苏州天平山“万笏朝天”的景观就是“剑”字所宗，云南石林之“千钧一发”就是“卡”的自然结体（图 129），苏州大石山之“仙桥”就是“撑”的自然风貌（图 130），等等。因此，应力求自然，切忌做作，否则便会弄巧成拙。

e. 平稳设施和填隙设施

为了放稳底面不平的山石，在找平上面以后，于下底不平处垫以一至数块控制平稳和传递重力的垫片，北方称为刹，南方称为重力石或垫片。刹要选用坚实的山石，并在施工之前就

128
扬州个园黄石假山洞口“托”的做法（孟兆祯／绘）

129

129

云南石林之“千钧一发”

（孟兆祯／摄）

130

苏州大石山自然之“撑”

（孟兆祯／绘）

130

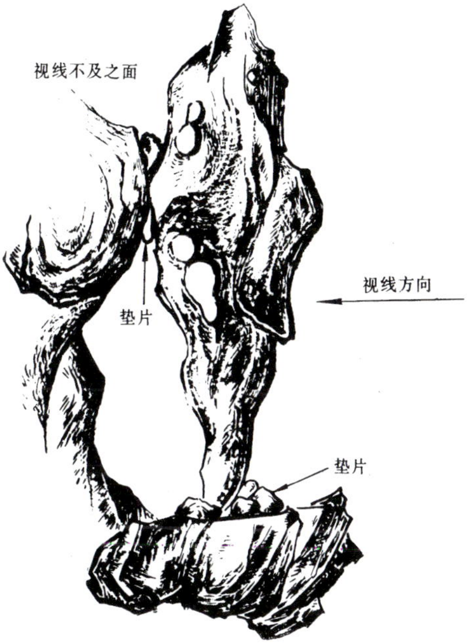

131
立峰加垫片
（孟兆祯 / 绘）

打成不同大小的斧头形垫片，以备随时选用。这块石头虽小，却承担了平衡和承重的重任，在结构上很重要。打刹也是衡量技艺水平的标志之一，加垫片一定要找准位置，最好用一块就使其基本平衡稳定，打好以后要用手试一下是否稳定。图 131 为立石加刹的情况。至于两石之间不着力的空隙，也要用块石填充。假山外壳每做好一层，还要用块石和灰浆填充于其中，称为“填肚”。也有仅用素土填充的做法，如北京北海静心斋的假山。

f. 铁活加固设施

一般是在山石本身重心稳定的前提下用以加固的设施，常用垫铁制成。使用铁活要求用而不露，因此不大容易发现。做法有如下四种：

银锭扣，为生铁铸成，有大、中、小三种规格，和一般石工用的相仿，用以加固石之间的水平联系，以增强整体性。使用时先将两块石以水平向拼缝为中心线，按银锭扣大小画线凿槽打入，有“见缝打卡”的说法。上面再叠山石就把它遮住了，如静心斋山石驳岸在桩顶石上用银锭扣加固。

铁扒钉：或称铁钩子，用熟铁制成，用于加固水平向和竖向的联系。南京明代瞻园北山之山洞中尚可发现用小型铁扒钉加固水平向联系的做法。北京圆明园西北角假山坍倒后，在山石上可看到10厘米长、6厘米宽、5厘米深的石槽，槽中皆有铁锈痕迹，也是用铁扒钉一类加固的做法。北京故宫乾隆花园见有80厘米长、10多厘米宽、7厘米厚的铁扒钉，两端弯头打入9厘米的做法（图**132**）；也有向假山外侧下弯头而内侧平伸压于石下的做法。承德避暑山庄烟雨楼则用大铁扒钉做峭壁的竖向联系（图**133**）。

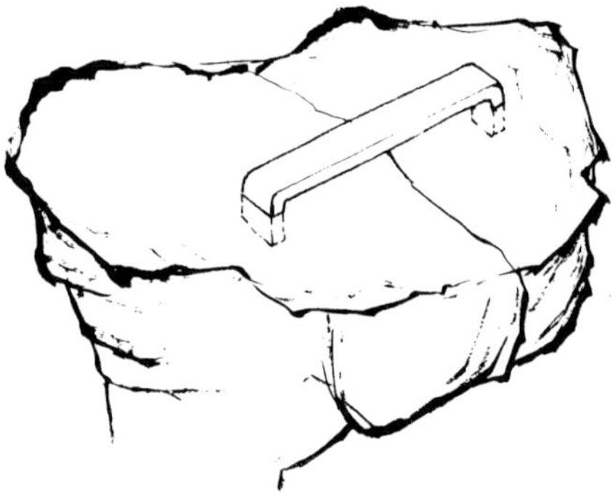

132
北京故宫乾隆花园
铁扒钉用法
（孟兆祯／绘）

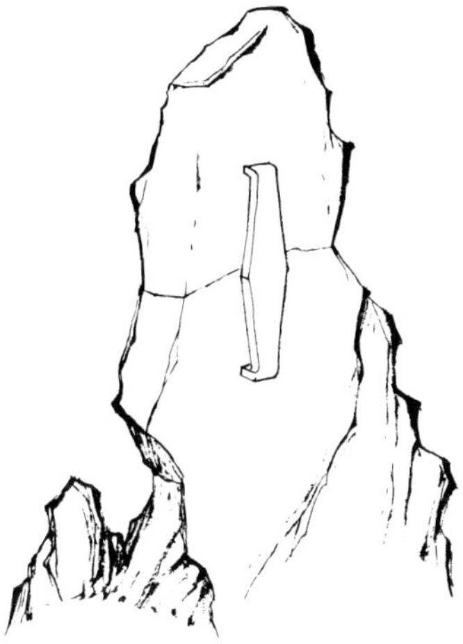

133
承德避暑山庄铁扒钉用法
（孟兆祯／绘）

铁扁担：多用于加固山洞，作为石梁下面之垫梁。铁扁担两端成直角上翘，并且要求翘头要略高于其所支撑石梁的两端，以求稳固（图134）。北海静心斋中象征蛇山的出挑悬岩，选用2米多长的一块房山土太湖石做挑，在这块石头的底部有长1.5米以上、宽16厘米、厚6厘米的铁扁担作为加固，因为铁活只有一小段侧面外露，而且居于石底凹面之暗处，所以从外观上也无法看出（图135）。

马蹄形吊架和叉形吊架：见于扬州寄啸山庄，由于洞顶采用花岗岩条石做石梁，很不自然，用这种吊架从条石上面挂下来，架上再放块山石遮挡条石，参见图136，其余吊架见图137。

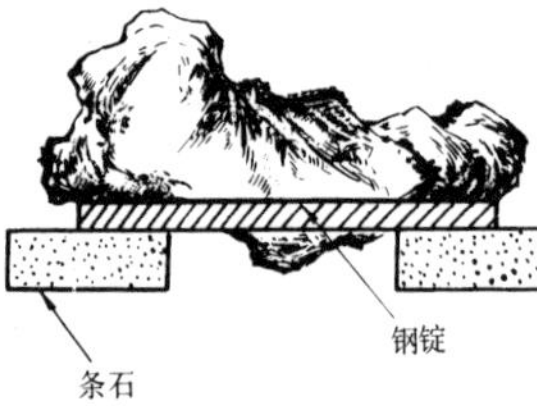

（1）铁扁担

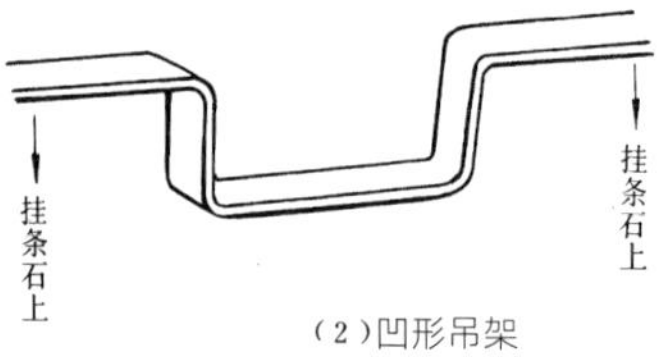

（2）凹形吊架

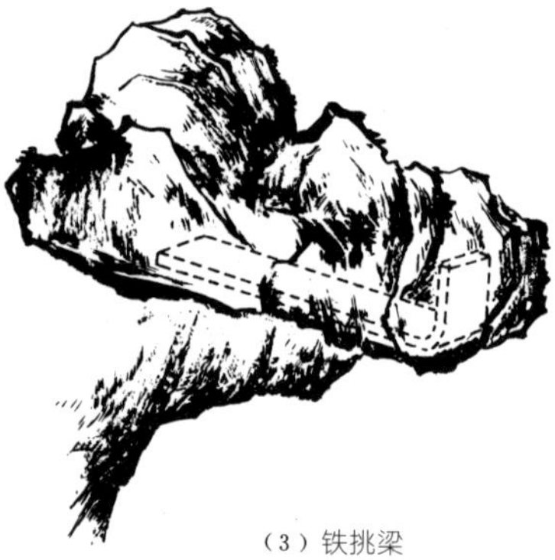

（3）铁挑梁

134

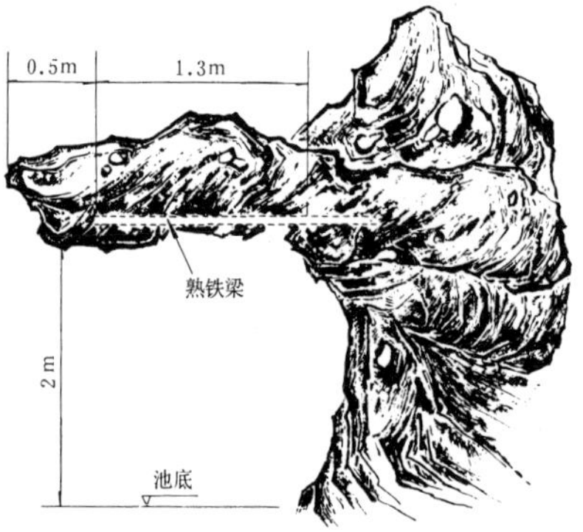

135

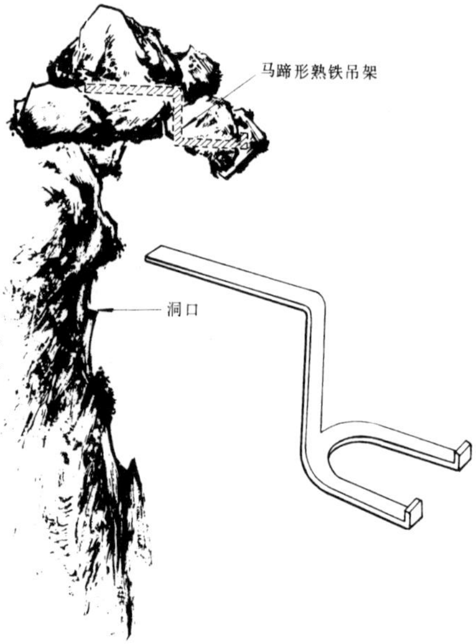

136

134
铁扁担及铁挑梁
（孟兆祯 / 绘）
135
北京北海静心斋暗衬铁梁做法
（孟兆祯 / 绘）
136
扬州寄啸山庄洞口吊架
（孟兆祯 / 绘）
137
各式熟铁吊架
（单位：mm）
（孟兆祯 / 绘）

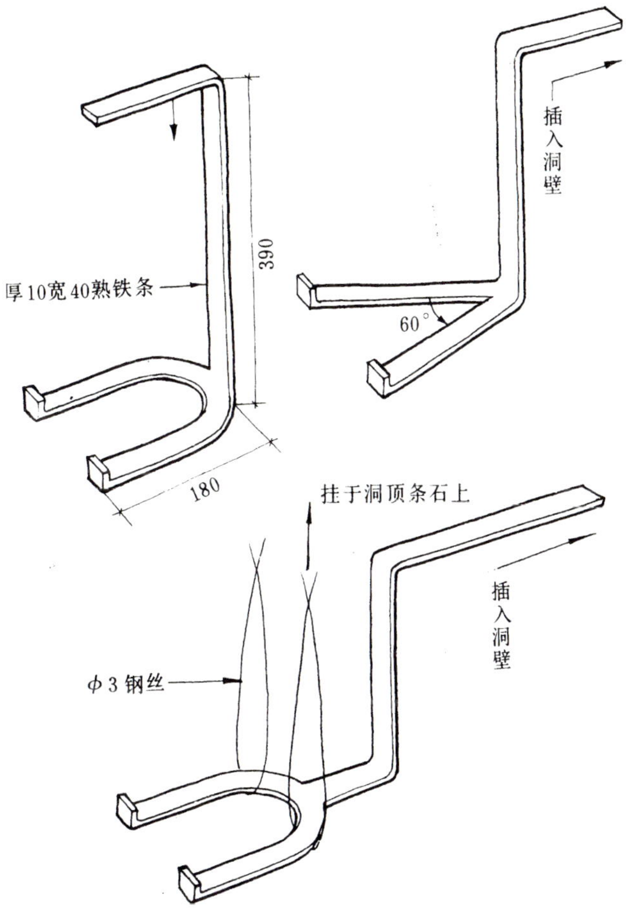

137

g. 胶结和勾缝

汉代至宋代以前的假山胶结材料已难考证。从宋代《营造法式》中才开始看到用灰浆泥做假山的功料记载：“垒石山，石灰四十五斤，粗墨三斤。”由此可以推测，宋代是以水调石灰浆作胶结的材料，而粗墨用于调色勾缝。当时风行太湖石，宜用灰白色的灰浆勾缝。据一些拆迁过明清两代假山的师傅讲，勾缝的做法有桐油石灰（或加纸筋）、石灰纸筋、明矾石灰、糯米汁拌石灰等多种。

勾缝用“柳叶抹”，有明缝和暗缝两种做法。即使明缝也要求不要太宽，如石缝过宽，便用与缝形相吻合的小块山石填补，变宽缝为窄缝，而后才用灰浆勾缝。因此，一般缝宽不宜超过两厘米。据说，用铁屑盐卤刷过的黄石缝还容易着生青苔，比较自然。

h. 假山洞的结构

《园冶》谓：“理洞法，起脚如造屋，立几柱着实，掇玲珑如窗门透亮。及理上见前理岩法，合凑收顶，加条石替之，斯千古不朽也。”说明了洞的一般结构法。我国较早的假山洞，出现于六朝时代建邺（今南京）之湘东苑，但并无技术性的记载。从现存古代园林的假山洞来看，大多采用《园冶》中所总结的这种梁柱式结构，即整个假山洞之洞壁由柱和墙两部分组成，石梁架于两根对应的石柱间，同侧之石柱间再掇以山石封闭。因此，主要传达承重的是梁和柱，石墙部分用以做采光和通风的自然窗门。从平面上看，柱是点，同侧柱点的自然连线是壁，壁线之间是洞。在一般的地基上做假山洞，多是筑两步灰土，而且是“满打”。基础两边比柱和壁的线略宽出一些，承重量特大的柱子还可以在灰土以下打桩，这种整体性很强的灰土基，可以防止因不均匀的沉陷造成局部坍倒甚至牵扯全局的危险。有不少假山洞都采用花岗岩条石为石梁，这样虽然结实，但洞顶之外观很不自然，即使加以装饰也很不协调。

北京故宫乾隆花园和圆明园所遗留的假山洞皆以自然山石为梁，间或有“铁扁担”加固，既保证了结构的稳定，又有比较自然的洞顶外观。图 138 为南京瞻园之梁柱式假山洞结构。

假山洞的另一种结构形式是“挑梁式”，即石柱之叠起，渐起渐向内挑伸，叠至洞顶用大石压合，如苏州明代之隐园水洞，北京圆明园武陵春色之桃花洞都属于这一类的结构（图 139）。这是吸取桥梁之“叠涩”或称悬臂桥的做法。其挑梁之两外端和顶部合凑处都必须用大石镇压以平衡力量。圆明园桃花洞，巧妙地于假山洞上结土为山，既保证了结构上的需要，又形成穿山水洞的奇观（图 140）。

发展到清代，又出现了戈裕良创造的券拱式假山洞结构，根据《履园丛话》记载，戈裕良为常州人，“尝论狮子林石洞，皆界以条石，不算名手。余诘之曰：不用条石，易于倾颓，奈何？戈曰：只将大小石钩带联络，如造环桥法，可以千年不

138

139

138

南京瞻园之梁柱式

假山洞

（孟兆祯 / 绘）

139

北京圆明园“武陵

春色”之桃花洞

（孟兆祯 / 摄）

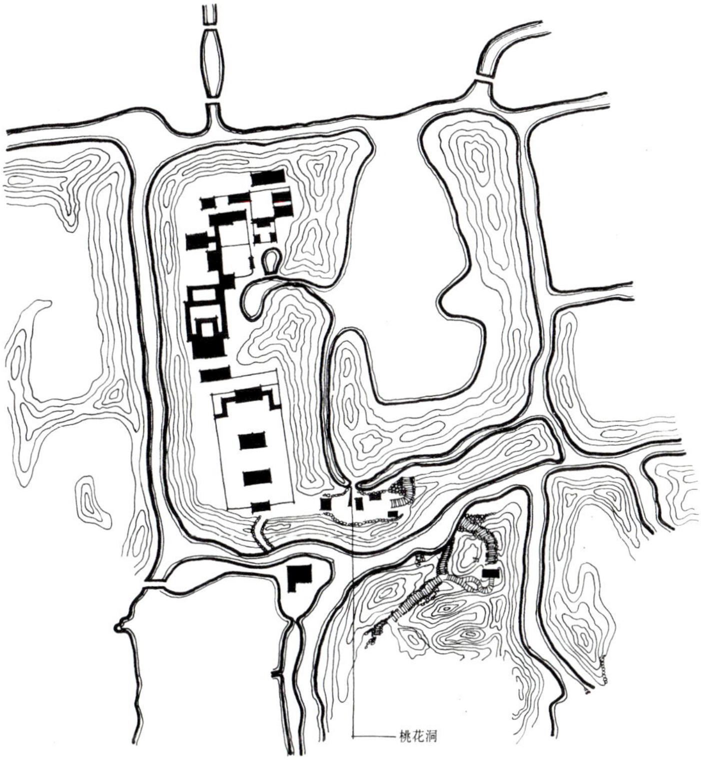

140
北京圆明园“武陵春色”之桃花洞附近假山布置（孟兆祯摹自1932年北平工务局圆明园测绘图）

坏，要如真山洞壑一般，然后方称能事，余始服其言”。今存苏州环秀山庄之太湖石假山便出自戈氏之手，其中山洞无论大小均采用券拱式结构。由于其承重是逐渐沿券间挤压传递，因此不会出现梁柱式那种压断石梁的危险，用天然石料做券，须注意券石之间接触面传力均匀，因此，应有必要的砍削。图 141 为环秀山庄山洞，由于采用券拱式结构，顶壁一气呵成

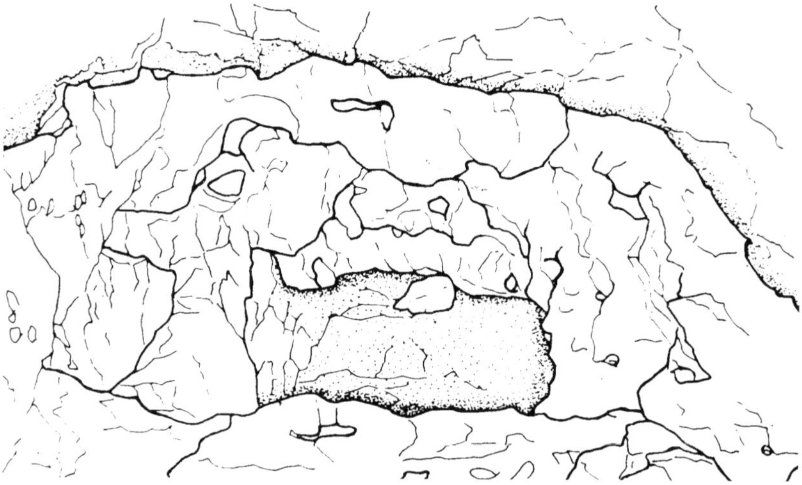

141

142

141

苏州环秀山庄券拱

式假山洞外观

（孟兆祯／绘）

142

常熟虞山天然黄石

洞外观

（孟兆祯／绘）

假山洞的结构并不是截然划分的，也可以融会贯通。如北京故宫乾隆花园北太湖石假山洞在梁柱式的基础上吸取券拱式的优点，在立柱以后选用具有拱形的山石做拱形梁，也有其他假山洞局部采用挑梁的做法。一般地讲，黄石、青石类呈墩状或具有足够厚度的山石宜采用梁柱式结构。因为天然的黄石山洞就是沿其相互垂直的节理面崩落、坍陷而成的。图 142 为常熟虞山天然黄石山洞，与扬州个园之黄石假山洞两相对照，可看出结构之相似。太湖石一类的假山洞则宜于采用券拱式的结构。

假山洞的结构还有单洞和复洞，水平洞和爬山洞，单层洞和多层洞，旱洞和水洞等不同做法。复洞为单洞的分支变化。爬山洞具有上下坡的变化，现存圆明园西北角之“紫碧山房”假山洞尚可看出爬山洞的做法，即洞柱随坡势升降，洞底和洞顶亦随之起伏。北京北海清代琼华岛北山之假山洞，不仅广大、深长，而且和园林建筑穿插组合，有复洞和爬山洞的变化，沿山腰曲折蜿蜒，顺山势而升降，时出时没，变化多端。正是李渔《闲情偶寄》所谓“以他屋联之，屋中亦置小石数块，与此洞若断若连，是使屋与洞混而为一”的做法。特别是“延南薰”扇面亭与假山洞的组合，入室自屋角循阶而下进入山洞的做法，把建筑和假山从造型到结构都融为一体，手法

143
扬州个园之黄石假山洞
（孟兆祯 / 绘）

熟练而自然。多层洞见于扬州个园秋山之黄石假山洞（图143），洞分上、中、下三层，中层最大，在结构上采用螺旋上升的办法分层。苏州明代惠荫园仿洞庭西山林屋洞所建之“小林屋”的假山洞则是古代旱洞和水洞组合的孤例。

假山洞利用洞口、洞间天井和采光孔洞采光，采光孔兼作通风。采光洞口皆坡向洞外，进光而不进水，洞口和采光孔是控制明暗变化的主要手段。如扬州个园之湖石山洞，充分利用湖石的自然洞穴采光，具有石灰岩岩洞的外貌。苏州环秀山庄之采光孔亦同此法，但大多安置在比较低的位置，下明上暗，既有亮光照路，又保持了洞中较暗的变化，有“地灯”的效果。其洞内地面之西南角有小洞，通水池以采取水面之反光，此洞层环相套，由暗渐明，不仅发挥了采光、通风和排水的功能作用，又具有洞景的自然变化。承德避暑山庄文津阁之青石假山洞坐落池边，在洞壁上做成弯月形采光洞，倒映池中，洞暗而月明，俨如水中映月，可谓匠心独运。

至于下洞上亭之结构，所见有两种。一种是洞和亭重合，亭柱和洞柱重合，重力沿柱下传至基础，由于山洞的柱隐于洞壁而不明显，如避暑山庄烟雨楼假山洞和翼亭之结构。另一种是洞与亭实际上并不重合，亭坐落于砖垛之上，洞居砖垛侧边，在砖垛外面用山石包镶之后，犹如洞在亭下。如北海静心斋枕峦亭和其下面假山洞之组合（图 144），亭居洞上而居高临下，洞有亭覆盖而防止雨渗入。

三、山石水景

直至今日，“高山流水”仍被视为最高尚的清音。“水令人远，石令人古”的观点使水石之间缔结了不可解之因缘。水无定形，因盛器而成形。水得地而流，地得水而柔。山水组合，刚柔并济，动静交呈，因此相得益彰。兹将水石景的类型和布置要点简述于后。

144

北京北海静心斋枕峦亭
与假山洞组合
（孟兆祯／绘）

（一）整形式水池的置石点缀

整形式水池并不一定采用山石点缀，因为从环境性格和线性特征而言都有不相吻合之弊。如果需要山石点缀就要统筹人工美和自然美的和谐与各自发挥。常见的毛病是用自然山石按几何形体做水池的边壁，这实际上是要自然美屈从于人工美，结果两败俱伤。整形水池的池壁是反映整形美的主要因素。山石在不破坏总体轮廓的前提下做适当点缀，则可在整形美的基础上有灵活的变化。整形水池有轴线对称的关系，而点缀山石则要做不对称的均衡处理。点石之位置要突破池壁的限制，或近池壁内侧，或滚落于池壁以外，伏于地上，或挎在池壁上面。由于在置石数量上有严格控制，已经保证了整形的主体，在具体置石方面，便可以稍有突破。犹如水池建造在有少量山石嶙峋的自然地面上，而不是水池做好后再加山石。如果水池内布置山石则要避免正中的部位，且宜于正中稍偏而稍后的位置。山石高度要与环境空间和水池的体量相称，一般与长向半径相当，在环境空旷处最高峰宜与长向直径相当。池中山石应有主、次、配的区分，少用孤峰单石而多找两元体的结合。广州小北花园路中心的水池用塑石作主体，看起来颇有变化，是值得推敲和借鉴的优秀作品。

（二）山石驳岸

驳岸为地面和水体间的介体，无论泉、瀑、溪、涧、池、湖均有驳岸的问题，并成为影响水景的主要因素之一。在驳岸设计中，仍应以自然为师而融入心源。自然界形成这些水石景是地壳升降、风化、溶蚀和冲刷造成的，外形不足而起伏高下。因此人为再造之水石景要概括和提炼自然水石景并允许有所夸张。对驳岸的平面构成而言，要力求突破各种几何形体之对称观点，务求从任何部分两分也不致有对称或雷同之弊。而溪池又各有其总体特征，溪呈不同宽度的带状回折而池和湖则聚水成块面。互为对岸的岸线要有争有让，少量峡谷则对峙相争，但一般不做两边相让以避免猪肚、鸡肠一类的呆板造型。水面有聚散的变化，而分割又不均匀，旷远、深远和迷远要兼顾。水湾的距离和转弯半径应有变化。宜堤为堤，宜岛为岛，半岛出岬，全岛环水。加之桥、汀、矶等变化，便灵活多了。山石驳岸的断面也应善于变化，使其具有高低、宽窄、虚实和层次的变化。如高崖据岸、低岸贴水、直岸上下、坡岸陂陀、水岫涵虚、石矶伸水、虚洞含礁、礁石露水等。其中水岫为形成虚实变化的主要组合单元。岫即不通之洞，水岫有大小、广狭、长扁之变化，造成明暗对比，使人见不到水岸相接之处而有不尽和莫穷之意，最能打破驳岸平滞和呆板感。杭州文澜阁水池东南角运用水岫极尽驳岸之变化，收到了很好的水景效果。水口处理也是很重要的，水湾深藏亦可产生迷远的效果。二水交汇则水口必然成为注目之处。山石驳岸成景也不是孤立的，其与岸边亭、廊、榭、墙、桥以及水生植物种植、岸边种植都有密切的关系，组合有致则相映生辉。

（三）汀石与石矶

汀石即水中步石，在自然界为露出水面的礁石。礁石间距不定，但作为人要跨越其上的步石，则在尺度上要照顾蹬跳的可能性。汀石的数量要以少胜多，无论苏州环秀山庄幽谷深涧中之步石，或无锡寄畅园八音涧中的步石，仅为一块却妙趣横生。因此要水体之狭处点步石，至多五块，在大小和间距方面不一。如果需要在水面宽处做步石，也不要排如长蛇，多如星点。可以自两岸出半岛以缩短水面距离，然后一点而就，最忌数量多、块匀和间距相等，所谓“排排坐，吃果果”之讽也。水中步石在需要时还可做成踏跺的形式以增加起伏上下的自然感。石矶为岸边突出的山石，形成如熨斗状平伸入水的景观。大可成岗，小仅一石。石矶与岸线斜交为宜，选多水平层次的山石以适应不同水位的景观。数量以少为贵。

（四）瀑

自然界的瀑布佳景甚多，而园林瀑布好者甚鲜，究其原因还是对天然瀑布缺少认识。一般的通病，一是瀑水无源，自孤高处下落。二是瀑口呆板，多数为防止水顺岩壁泛漫而不挂落在岩外，因此需特别选一块光石板做瀑口。瀑布呈整形块面下落，其实正是中国山水画中所忌之“架上悬巾”，有如脸盆架上搭一条毛巾下来，何美之有？三是凡瀑必悬，似乎只有悬空落下的才称瀑布，殊不知这样一来真有顽童撒尿之嫌。典型的天然瀑布很少在开旷空间孤立地出现。瀑布总在谷壑之中，整个谷壑有如天然的共鸣箱，使落水的水声效果加强。人工造瀑布亦要知真如之理，虽然自来水随处可接，但瀑口还宜在旁高中低的山谷中。瀑口两旁稍高则有谷间汇水的意味。瀑布下泻要有陡有缓，陡处悬空而缓处顺石坡面下滑。瀑布因宽度不同可有匹落、片落、丝落之分。同一瀑布亦可分层跌落而兼容三落，这就需要在瀑口有分水石，而分水又忌均分。很多天然的瀑布都可作我们创作人工瀑布的源泉。如广东省顺德县西樵山的“飞流千尺”等。

（五）潭

潭特指小面积的深水。瀑布下落之处即潭，也有将大水面泛称潭的。潭之所以深，实出于在自然界的潭是由瀑布下落的水力冲击使地面下陷形成的。因此从水工的角度讲，潭为瀑布的消力池。园林虽然“一卷代山，一勺代水”，但也要师法此理。为了丰富水景，可在潭中出石承接下泻的瀑布以形成飞溅扑面、捣珠碎玉和喷雪飞雾的水景，可称之为“溅水石”。瀑布和跌水都有弹拨清音的音响效果，有称“水乐”或“无弦琴”者。潭中可做“承水石”于水面以下，使瀑布下落后不以溅水为主而冲入水下。承水石如钵状，钵之大小、深浅、厚薄、埋深都可影响水音之大小、亮闷、高低，而造成不同的音响效果。《琵琶行》所谓“大弦嘈嘈如急雨，小弦切切如私语。嘈嘈切切错杂弹，大珠小珠落玉盘”的意境，是完全可以用山石水景体现的。

5. 北海假山艺术

假山是中国古典园林的主要组成因素之一，也是表现中国园林民族形式相当普遍、灵活和具体的一种传统手法。我国北方以帝王宫苑为主要类型的园林假山，较之江南私家园林或岭南园林中的假山在风格方面又有明显的差异。在现存的古代帝王宫苑中，北海的假山是历史悠久、规模宏大而又具有很高水平的代表作品，值得我们进行考证、分析和研究。我国传统的园林艺术实践是独特的、优秀的，但如何从理性方面加以认识，如何把优秀的民族文化传统继承下来并发扬光大，还需要下一番功夫。

游览过北京的人一定会被北海的湖光山色所吸引。甚至一提到北海，你就会在脑海里浮现出白塔山孤屿水空，白塔于苍松翠柏环抱中高矗入云的景象。但是，白塔山并不是天然的山，而是一座人工造的大假山。在明代，有称这座山叫“大山子”的。“山子”就是从唐代开始对假山的称呼。这座人工造的岛山最初建于金代。金代统治者继辽代营建燕京以后，开始兴建金中都。金大定十九年（1179），他们在辽代已有所开拓的“瑶屿”的南端，扩展金海（今北京北海），取湖土垒山。

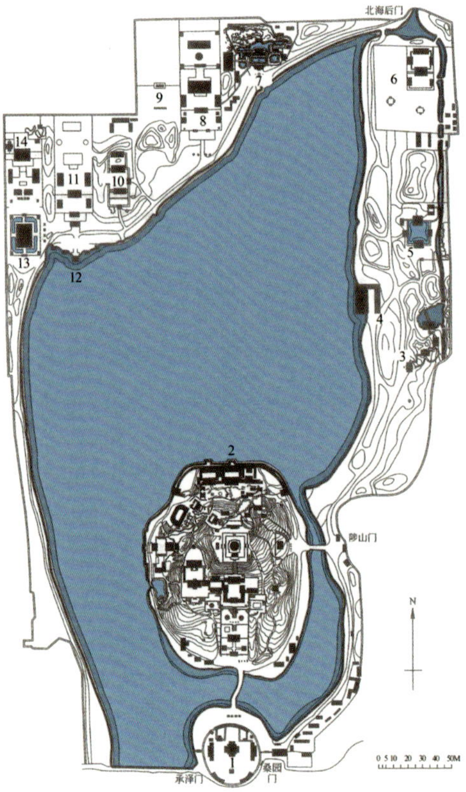

145
北海平面图
（图片引自孟兆祯《园衍》）

金人命名为“琼华岛”，并用运石折粮的方式强迫农民把北宋汴京（今开封）艮岳遗留的太湖石运来掇山，这就是“折粮石”的来历。自此，北海山水的骨架已初步形成，至今已有800多年的历史。(图 **145**) 当时琼华岛顶的建筑是广寒殿，相传为金章宗李妃妆台旧址。据《元史・世祖纪》记载：“至元元年三月，修琼华岛……至元二年十二月渎山玉海成，敕置广寒殿。”至元二年相当于1265年，因金末时广寒殿已毁，这次又重建。又《元史・泰定帝纪》载：“泰定二年六月朔，葺万岁山殿，四年十二月植万岁山花木八百七十本。”可见，元代是在金琼华岛的基础上进行修建的，只是在至元八年（1271）时改称琼华岛为万岁山或万寿山 (图 **146**)，改称金海为太液池。到了清

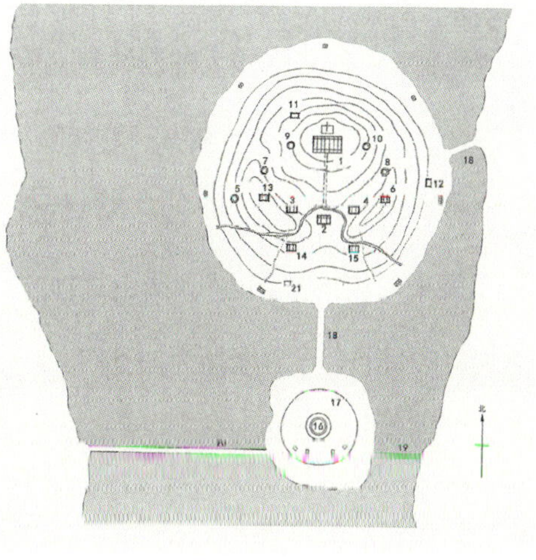

146
元代万寿山复原想象图
（图片引自王其亨、王蔚《中国古建筑测绘大系园林建筑—北海》）

顺治八年（1651）一改旧制，在山上建刹立塔，称为白塔寺，兹后又屡有增建。因此，今之白塔山始建于金，现存绝大部分的建筑和掇山实际上是清代法式和做法。目前我们所见的北海假山是在有明确的预想的指导下，经过假山匠师和工人们精心的设计和施工逐步形成的。首先值得我们推敲的问题就是造山的目的，我把它称为造山的意旨。

一、北海造山的意旨

中国园林在长期的实践中形成了一套造景的传统逻辑体系。要有明确的“意旨”，从意旨而产生“意境”。这就是“景从境出”的创作原理。意境虽然不是具体的形象，但它却赋予园景以内在的寓意，对造景有很大的制约性，也给景物以耐人寻味的艺术魅力。有了意境还必须有“意匠”，亦即造景的手法和手段。通过意匠把内蕴的意境化为具体的景象，游览者受到景物的艺术感染才产生“意趣”。造山之理亦大致如此。如果追溯北海造山的目的，可以概括为如下四方面：

（一）继承“一池三山”的传统造山理水法，追求“神海仙山”的精神境界

我国人工造山的渊源深远。有据可查的园林造山在秦汉帝王宫苑中开始出现。《三秦记》载：“秦始皇作长池，引渭水，东西二百里，南北二十里，筑土为蓬莱山。”这便是封建帝王妄想长生不老，派人赴东海仙山采长生药的生活现实在园林造山艺术中的反映，也含有“君权神授”的意识。汉武帝又授意在太液池中堆了蓬莱、方丈、瀛洲三座神山。迄后，历代帝王相为因循“一池三山”。但中国有不少传统艺术都有“一法多用”的特点，对于园林山水而言，强调“有法无式”。因此，“一池三山”之法又因环境条件不同而出现各种变化的形式，诸如圆明园、颐和园各有不同处理。今之北海是三海的一部分，它一方面继承了海中神山之法，却又在三海中形成相对独立的景区。《金史志》载：“琼林苑有横翠殿、宁德宫。西园有瑶光台，又有琼华岛，又有瑶光殿。”说明了三海景物的整体关系。在北海中虽然只有一座大山，但仍保持了蓬莱仙山的传统，为三山之一山，这在元万寿山图（见乐嘉藻《中国建筑史》）中可以得到印证。特别是在东、西两山峰与中间主峰的交接处设有方壶、瀛洲二亭更能说明其山水塑造的意图。而后

来主峰上的广寒殿也就是月宫的写照。明代计成《园冶》所谓“缩地自瀛壶，移情就寒碧”，正是总结了诸如此类的造景意图。至清代为止，都是在传统的基础上加以发展。金鳌玉蝀桥前横，塔影映带于波光之中，也正是所谓“池塘倒影，拟入鲛宫”的造景联想了。

（二）仿北宋汴京寿山艮岳，造琼华岛以象征艮岳

金人在军事方面征服了北宋，而在文化方面早就被北宋流传的文化所征服，而且对我国历史上号称登峰造极的大假山——寿山艮岳十分向往。因此定都以后，不惜花费巨大的财力和物力把已毁于兵火中的艮岳残存的一些太湖石辇运北京，并仿宋元“琼林苑”在金中都建琼林苑。

如果把元代万寿山图和北宋寿山艮岳的平面示意图两相对照，不难看出琼华岛在山形和山水结合的关系方面有不少都是仿自艮岳。艮岳因造山于“艮位”即汴京城的东北方向而得名，而金中都城故址约当北京宣武区（今已并入西城区）西部的大半部分。这就是说当时琼华岛所在的西苑也是在皇城的东北。艮岳坐北朝南，先成土山而后带石，主峰居北，于峰顶建介亭，东、西峰对峙于主峰之南，并于后山汲取景龙江水至山顶，再从前山做瀑布泻入雁池后又回通景龙江，景龙江水又引

自金水河，艮岳后山则有老君洞等景。金之琼华岛之朝向，主峰和东、西峰的组成，主峰顶上建广寒殿、土山带石的结构以及利用后山开辟假山洞的做法等都有所本，只是在山形方面有内聚呈对称“品”字形的变化，至于引水上山的水法处理今已不可见。据《辍耕录》记载：“其山皆以玲珑石为之，峰峦隐映，松桧隆郁，秀若天成。引金水河至其后，转机运斢，汲水至山顶，出石龙口，注方池伏流。至仁智殿后，有石刻蟠龙昂首喷水仰出，然后由东西流入太液池。”《塔山北面记》载：“盖亩鉴室水，盈池则伏流不见，至邱东，始擘岩而出为瀑布，沿溪赴壑，而归于太液之波。”《塔山西面记》又载：“历石蹬而下，则水精域，其下有古井。……此山之阴，山之麓，所为屈注飞流，线溪亩池，皆绠汲此井。”这些用半机械的方法做成小循环的水景也都仿自艮岳。

艮岳和琼华岛为山还包含有封建迷信的风水观念。宋张淏《艮岳记》载：“徽宗登极之初，皇嗣未广，有方士言京城东北隅地协堪舆，但形势稍下。倘少增高则皇嗣繁衍矣。上遂命土培其冈阜，使稍加于旧矣。”而金人造琼华岛相传有辇土压胜的含义。《辍耕录》载：“闻故老言，国家起朔漠日，塞上有山，形势雄伟。金人望气者，谓此山有王气，非我之利。金人欲压胜之，计无所出。时国已多事，乃求通好入贡。既而曰，他无所冀，愿得某山，以镇压我土耳。”至明代造起景山以后，这两座山便成为此京城不可缺少的部分了。其后所谓：“宫殿屏扆则曰景山，西苑作镇则曰白塔山。”也是基于此说。

（三）吸取江苏镇江金山的景观

清代修建琼华岛时又借鉴和吸取了金山的景观，因为琼华岛在北海中的位置的经营和山水形势的特征恰似当年金山在长江中孤峙水面的情况。以往的长江，在镇江一带的宽度达数十公里，金山岛屹立于近南岸的江面上。水大山小，犹如紫金浮玉，故金山曾名浮玉山。无独有偶，“琼华”亦喻赤色、精致的美玉。至于清代改广寒殿为白塔，构成塔山的结体，建永安寺，后山临水面以月牙廊包山，甚至建“远帆阁”肖金山之远帆楼等，做法都有借鉴金山的因素。因此《塔山北面记》有“颇具金山江天之概”的评语。《日下尊闻录》也说“据琼岛此陆规制略仿金山”。

（四）为帝王游览休憩创造综合性山水苑囿条件

造山的目的归根结底还是要满足封建统治者对自然山水的精神享受，这是前三项意旨的共同结合点，也是最现实的一项功能。北海的前身是西苑，它与圆明园、颐和园、避暑山庄等帝王山水宫苑相比，在性质上还有所差异。因与皇城相距不远，没有必要放置“外朝内寝”的宫殿，但在游览设施方面都比较丰富。例如正对琼华岛的东岸一带曾经是专门饲养动物的“灵囿”。《辍耕录》记载：“国朝每宴诸王大臣谓之大聚会。是日尽出诸兽于万岁山。若虎豹熊象之属。”由此可见一斑。以往的琼华岛上还设有温泉浴室，温水自石莲喷出。辽阔的太液池则御舟很多，除了各具专名的御舟外，还有膳船、酒船、纤船等。湖面结冰后，又可在高踞山顶的庆霄楼俯览名目众多的冰嬉。东岸和北岸则利用土山范围和组织空间，构成“濠濮间”“静心斋”等园中园的多景观变化。

值得着重提一下的是造山为园林建筑提供了高低错落的地形基础。《塔山西面记》还总结了地形与建筑结合的一般规律：“室之有高下，犹山之有曲折，水之有波澜。故水无波澜不致清，山无曲折不致灵，室无高下不致情。然室不能自为高下。故因山以构室者，其趣恒佳。”这是很有道理的。同样是塔，西四以西妙应寺的白塔，是全国现存最大的喇嘛塔，但仍不如北海的白塔这样突出。其差别主要是妙应寺白塔没有地形的结合和环境的烘托。现在的白塔山上既有临水的廊、榭，又有高踞的亭、台。云墙起伏蜿蜒，飞廊斜攀高楼，的确富于高下、错综的变化。试想，如果没有富于地形变化的琼岛给园林建筑提供基址，那么这些建筑就如同无皮可附之毛。同样，琼岛如果没有这些建筑的布置，也会非常单调。这充分说明了假山和建筑融为一体的要领。

二、北海山水的总体布局

山水总体布局是造山成败先决性的关键。这就如同写文章首先要“谋篇”和考虑“间架”“结构”，书法和绘画要“立意”、“布局”和考虑“落幅”一样。清代李渔在《闲情偶寄》“山石第五”一节中说：“结构全体难，敷设零段易。”又说，“以其先有成局而后修饰词华，故粗览细观同一致也。”因此，造山的意匠首先要着眼于此，以便体现造山的宗旨和意境。北海以白塔山作为全园的主景，采用主景突出式的布局类型。这和圆明园那样的“集锦式”布局是有区别的。因此北海的总体布局又取决于主景山在经营位置、体量、轮廓以及组合安排等方面是否确当。只有主景安排得体以后才有条件考虑如何运用配景陪衬和烘托主景。《园冶》所谓“独立端严，次相辅弼”，也阐明了这个布局的原则。但是，山又不是孤立的，必须在布置山的同时统筹安排山水以及与建筑、树木之间的关系。用清代画师笪重光的话来讲，叫作："目中有山，始可种树，意中有水，方许作山"。

白塔山在布局方面有几个成功的因素。首先是主景升高，从而形成水平线条的水面与竖直线条的塔山的强烈对比。主山无论在体量、高度、朝向还是位置和轮廓等方面都处于统率全园、控制全园的绝对优势地位，而四周岸上的土山只是低平地伸展。这完全符合"主山最宜高耸，客山须是奔趋"和"众山拱伏，主山始尊。群峰互盘，祖峰乃厚"的画理。从这个角度看，我认为清代改广寒殿为高耸的白塔是更加突出了这个主景。塔山高约 32.8 米，旧有的广寒殿仅高 50 尺，合 10 余米高，而白塔高 30 多米，而且塔的攒尖形体起到了向上延伸以助长山势的作用，整座山的立面轮廓就更加突出了。

但是，主景升高的手法并不完全决定于本身的绝对高度，而在于安排合理的视距，务使观景点对于景物的水平距离和景物高度保持合宜的比例关系。我国造园中"因近求高"之法即依据此理。因此，塔山坐落的位置力求避免居于水面的中心部位，而取偏南近东岸的位置。首先是位置显赫，因近得高。如果粗略地把塔顶所在高度按 70 米计，自团城北面"积翠"牌坊东西一带观赏，其视距比约为 1 ：3.5。若自金鳌玉蛛桥一带观赏，其视距之比约为 1 ：5。给人的观感是轮廓清晰，山势雄伟，很自然地形成视线的焦点。如果以白塔为中心，从北海南半端各个部位仰观塔山都有类似的效果。如自北岸静心斋岸处看塔山，其视距比约为 1 ： 10，自五龙亭看塔山的视距比约为 1 ： 7，轮廓虽然显得淡薄一些，山势也不如前山那样雄伟，但仍不失其统率全园的中心地位。因此，塔山的体量、轮廓与其坐落位置的关系是恰当的，能够体现其造山的意图。

研究古典园林造山的成就对今天园林造山的实践是有参考价值的。新中国成立以来，不少新型园林都挖湖造山，其中一个较普遍的问题是大型公园的主景山不够突出，而小园子里面造山容易产生臃肿、压抑的感觉。究其根源，往往不完全在于山的绝对高度，而在于布局不够得体。现在我们所挖水面一般都是 1 米多深。尽管挖的水面很大，而挖出的土方并不多，在土方不足的情况下又片面追求主山的高度，以致违反土山稳定的客观规律，甚至把坡度增加到 1 ： 1.6。其结果必然是因冲刷严重，山体不稳定而降低主山的高度。就经营位置而言，往往把主山安排在大水面的尽北端，从主要观赏点看山的视距比达到 1 ： 11 ~ 1 ： 15，这样当然很难达到主景突出的效果了。

其次，由于塔山在水面中偏侧而安，岛山把水面分割为具有聚散、曲直、收放等各种水面性格变化的空间。塔山偏向东南，便和团城以及东南岸的土山形成夹峙之势。一湾湖水有收有放地从东南向环抱塔山，构成一个中距离观赏的空间。两端石桥横锁，河湾岸柳夹景，荷莲熏香。同时，又让出白塔山西面、北面大面积的水面构成辽阔、舒展的远距离观赏的空间，供游船、水嬉和眺望或静或动的湖光波影，水自东北面引入后可以通过这一条畅通无阻的水道流到下游去。水面线形向东北渐收，加强了湖面纵深的透视效果。本来因山得水，山的布置又增加了湖面层次掩映而显得深远的效果。在一定范围的园子里布置山水，其布局手法和书法、篆刻等民族传统艺术有不少共通之处。所谓“因白守黑”，“疏可走马，密不容针”等对比衬托的手法和园林理水“聚则辽阔，散则潆洄”之法，虚实虽殊，理致则一。北海总面积约为 1070 亩，水面占 583 亩，陆地占 487 亩。琼华岛约为 90 亩，相当于陆地面积的 1 / 5，导致游览者多集中于琼华岛上，目前有游人过于集中的问题。

最后，由于塔山四周水面环绕，山的主峰又向北后坐，因此塔山外围各面都有不同程度的空旷空间。于空旷中突起岛山，虚中起实，更加突出了这个全园的构图中心。这又与“于无声处听惊雷”有相同的对比效果。如果我们注意一下报纸上醒目的大标题，往往不单纯是把字体加大，而是在净空的幅面中突出地印出醒目的字体。因此，主景前面放空也有助于突出主景。至于东岸、北岸建筑凡外露者都有趋向塔山的形势，特别是五龙亭和塔山有呼应的关系以及建筑轴线处理等都有益于突出主景。在此不做详述。

山水总体布局得体后，还必须用各景的手法更具体地布置园中各个空间内部的山水，使之达到“远观有势，近看有质”的效果。以下试就北海假山比较集中的琼华岛、濠濮间和静心斋做些分析。

三、琼华岛

从琼华岛到白塔山，虽然历经数百年的变迁，但始终保持了“海市蜃楼”的创作意境。清代改造以后更着重在塔山北面加以发挥。此岛由三峰组成，呈“品”字形排列而主峰后坐，整个岛的中心也就向北推移了。布置琼华岛的中心问题主要是解决人工美和自然美的结合。帝王宫苑这类园林往往要求反映帝王唯我独尊、君神一体，既要用中轴对称的布局手法创造严谨、庄重、雄伟、壮观的气势，又要追求仙山楼阁的自然情趣。因此宫苑中有些造山也受到中轴对称的制约。琼华岛土山之所以呈“品”字形排列，景山之所以一峰居中，两旁各对称地布置次峰就是明显的反映，这在一些王府宅园造山中也有影响，而江南私家园林中几乎见不到这种对称的山形。于是整个琼华岛的中轴线吻合于主峰的中轴线，主峰极顶中心亦即南北、东西两条轴线的正交点，形成四面有景而受这两条轴线制约的格局。但宫苑之制究竟区别于皇城内之禁宫，可以有布置的灵活性，即借自然山水来调剂过于严整的人工美，岛山在位置上受到限制，便以坡度、局部地形变化和创造不同的气氛来加以突破。从现存的塔山，不难看出其山势北陡南缓，空间性格后寂前喧。利用一些单体建筑和小型建筑组群和山体组合成参差高低、错落前后的变比。前山以突出人工美的建筑为主，后山以曲折、幽深的自然景观为主。从景物布置序列的逻辑来分析，利用前山、山顶和后山的部位处理从寺到塔，从塔后进入仙境的过渡关系，就风景布置类型而论则是从整形到自然式的转换。

琼岛之置石早在元代就是很考究的。《辍耕录》记载琼岛南面桥头“有玲珑石拥门五，门皆为石色。内有隙地，对立日月石。西有石棋枰，又有石坐床”。又说广寒殿中之小玉殿“又有玉假山一峰，玉响铁一，悬殿之后。有小石笋二，内出石龙首以噀所引金水”。对立日月石的布置可能有日月交辉的含义，就如同古代帝王背后由两个宫女交举日月宫扇一样。据《金台集》记载："妃尝与章宗露台坐。上曰二人土上坐，妃应声曰一月日边明。上大悦。"说明帝妃以日月做自我标榜，而置石也成为反映这种至高无上意识的手段了。此外，在后山亩鉴室附近尚存一用人工雕凿而成的石景，高仅数十厘米，有的呈暗紫红色，所作石之皴纹层次清晰，线条有些图案化。同一类的山石在静心斋前方池中以及团城某处都见到过，其造型类似"海水江崖"的做法。

塔山虽有四面观景，但主要是南面和北面。南面以土为主，用以形成永安寺这组中轴线上的建筑的台地基址，形成三进、四层的台地院落。（图 147）东西两面的土山交拥居中的寺院建筑，两侧山间又辟山径循石磴道上山。辟山道后山形有所改变，南山因坡缓而山坡上采用"散置"的方式布置山石，有的假山匠师称之为"大散点"。它一方面具有护坡和分散、降低山坡地面径流的作用，在造景方面又作为"矾头"布置在山道两侧，时而又作为磴道的障景或对景。其布置要点在于有聚有散、主次分明、断续相间、呼应顾盼。可惜后来修山道时未能完全保持原有风貌，但截至目前仍有佳品可寻。

山寺第三进台地上用了大量的太湖石嵌门镶窗，以山石点染佛山藏经窟的色彩（如楞伽窟）。除了对称地安置了两块特置峰石外，余皆以山石作为建筑角隅的“抱角”、嵌理壁山或组成磴道。这些处理都有助于减少建筑过于严整、平滞的气氛。据说这些色泽青灰、含有象皮般皴纹的湖石就是从艮岳运来的一部分。北京“山子张”张蔚庭师傅称之为“象皮青”，并说其中夹有细条白纹。西边一块镌有乾隆手书“岳云”的峰石，色泽洁白，纯净清润，外形突兀，竖纹深沟。按上大下小飞舞之势立于精美的石雕基座上，不愧名石。想当初折粮石之役，不知有多少农民遭难。元代郝经《琼华岛赋》说“昏君暴主以万人之力，肆一己之欲……（岛中山）名曰石山而实血山”。我想补充一句，劳动人民在被迫的情况下必须想方设法满足封建统治者的要求，不少假山匠师和工人倾注了心血和智慧，因此琼华岛也是反映我国劳动人民智慧结晶的智慧山。

琼岛掇山以北面最为上乘（图 148），因为此山陡峭而采用“包石不见土”的做法。它的特色是规模宏大，气魄雄伟，于雄奇中藏婉约，组合丰富而又达到多样统一。山、水、建筑、磴道和树木浑然一体。塔山北面和西面所采用的石材为京郊房山区大灰厂一带出产的房山石，也称北太湖石。这种山石体态顽夯、沉实，色泽略带橙黄色，除了有细而较密的小窝洞外，很少有像太湖石那样玲珑剔透的性格。这也是构成北方帝王宫苑中假山石风格的一项因素。根据查阅过有关史料的学者介

147

148

绍，乾隆年间因在紫禁城内兴建乾隆花园，便将北海塔山西面的房山石约 1600 多块拆运至乾隆花园。其后，西面便改为青石掇山，而塔山北面大面积的假山至今仍保持着房山石掇山的原貌。

这里所指的塔山北面，并不是完全像塔山四面那样按方位划分的，也包括东面和西面的北端。大致是漪澜堂以南，阅古楼以东，山上宫墙以北和见春亭以西这个范围。就这个景区而言，其布局特点以假山为主，建筑为辅，穿插以水池、溪涧，点植以高大的乔木，以期达到“山因石而得苍骨，因水而得活络，因树而得荣卫”的整体效果。琼岛的中轴线虽然也贯穿其间，而实际上只是意到而已，对景区内部起明纵暗控的作用。以漪澜堂为主体建筑的北向建筑群，尽管体量很大，却因其低守于北沿岸线而正面向外，对景区内部空间除了范围、俯仰外也没有什么制约性。这就为以山景为主的自然景色提供了起码的环境条件。整个山景的外观峭壁陡立，峰峦拱伏，宫墙起伏蜿蜒，楼阁参差高下，树木掩映，洞穴潜藏。遇有晓雾迷蒙、烟雨笼罩之日，自周岸远望，若见山在虚无缥缈中。烟雾开合，琼楼时隐时现；云岚绕离，山色似有若无。令人联想到瑶池仙宫的文学描写。正如我国造园名家计成在《园冶》中所总结的手法一样：“洞穴潜藏，穿石径水，峰峦缥缈，漏月招云。”典

147
琼华岛南面全景
（朱强／摄）
148
琼华岛北面全景
（陈凡秀／摄）

言世上无仙，斯住世之瀛壶也。”这里的布局手法，对于体现向往仙境的造景意图而言是很成功的，布局得体，气魄胜人。

此山不仅章法不谬，在细部处理方面也是匠心独运。在选择山体组合单元时，除了峰、峦、峭壁、谷道、台和沟壑外，着重布置了变幻莫测的假山洞，并把园林建筑融会到山体中去。这也是一举数得的造景手段。其一，这种安排能够体现仙山楼阁的意境。人境和仙境区别何在呢？仙境是虚拟的假想境界，因此要求给人以虚幻的观感。无论是电影或舞台艺术，总要给仙境罩上一层云雾迷漫、时隐时现的气氛。而山洞不仅在内容上能触发人们对神山仙洞的联想，其造型亦有利于发挥神幻的描写和处理景物“虚”与“实”、“藏”与“露”的变化关系。试看此山山洞，时而隐洞口于山亭中，时而石门半开。洞室相贯，一室多通。左右曲折，上下盘转。收放分合，明暗交替。置身其中则宛转相迷，光影扑朔。有的洞中还有石榻横陈，若有仙迹，就仿佛进入神话小说中描绘的神仙洞府一般。其二，山洞又丰富了空间的性格变化。大凡园林造景，空间性格有“旷远”和“幽邃”两类，而且往往旷远者难兼得深邃。采取外山内洞的组合，既可凭高远眺，又可领会婉约、幽深之情，取得了“地既广而境犹幽”的双重效果。其三，洞的开辟又扩展了游览面积和游览路线。由于洞可以辗转暗通，便给布置建筑以更大的灵活性。有些建筑为了使立面构图有高下的对比，可以不拘泥于取得室外的交通联系。这对于立体运用空间，组织景物立体交叉以扩大空间感都有所帮助。

假山与建筑的巧妙结合，可以称作此山第三个特点。山中风景建筑与琼岛一般建筑相比，在尺度方面明显地缩小。就以爬山廊为例，宽度和开间都几乎压缩到最小的尺度。以此求得山与建筑比例上的协调，便更具有真山的气概。这里假山和建筑的结合大致可分成三组。第一组是东面北端的见春亭、古遗堂、峦影亭、看画廊和交翠亭。从平面图可以看到，它们通过假山洞、山石磴道和爬山亭组合成一个独立的局部。自东远观此景，亭台错落上下，宫墙和爬山廊随山势斜飞，组成一幅富有立面变化的画面。从“琼岛春阴”石碑南侧的见春亭开始，自然的山石磴道包抄而上汇于亭。（图 **149**）园亭入口有山石的“蹲配”处理。亭中半露洞口诱人入游（图 **151**），入洞后仅一回折便盘旋上抵古遗堂。古遗堂东侧台地亦即适才走过那段山洞的洞顶，其旁植有国槐一株。辗转不过十数步，瞩目的景观却大不相同。古遗堂北之峦影亭体量很小，为了取得立面效果，以山石为台，亭建台上而使其攒尖顶突出宫墙之上，从古遗堂西再入山洞、以数倍于前洞的距离和呈“S”形的弯转，把游人引到其西北面的看画廊。人们历经一段暗洞后豁然开朗。北

149

清张若澄绘《燕山八景图》之《琼岛春阴》（北京故宫博物院藏）

俯沧波，一片爽朗。回望洞口，洞环相套，层次深远。这一组洞均用“象皮青”相安，洞的结构虽然是梁柱式的，但由于精选洞口石材，又善于利用石之自然凸凹相互钩连，顶壁一气，天衣无缝，几乎看不出其结构方式。再仰视其东墙高处，洞门透空，在门框中微露斜上的爬山廊。廊柱间蓝天衬背，游云飘移（图152），从靠墙的磴道扶栏而上便可上达交翠亭。看画廊景色如画，应接不暇，成为这一组景物的主要部分。

第二组和假山结合的建筑组群包括紫翠房、嵌岩室、环碧楼、盘岚精舍和延南薰。这也是塔山北面的重点处理和主要立面。自北峰或东岸南望，建筑坐落高下悬殊，飞廊斜搭，异常险奇。有小门自东引入，从紫翠房到环碧楼组织了室内外两条游览路线。一条攀飞廊斜上，另一条以山谷道从南面绕引嵌岩室东门。沿路转折处均布置山石做导游的对景（图153）。环碧楼楼下便是嵌岩室，从室内缘梯而上，两条游览路线又合而为一。此外运用飞廊和谷道交叉，飞廊角隅又以山石戗抱以增加稳定感。石、廊交融一体，颇为险奇、壮观（图154）。环碧楼与盘岚精舍交复相接，仅北转步数阶即盘岚精舍。自舍北出，巉岩迎面，岩间隐现羊肠石径可通看画廊。舍西又有石洞可通延南薰（图155）。

延南薰是位于中轴线上的建筑，其东西的山亭在平面上也

150

153

152

154

151

150

北海琼华岛假山与建筑的巧妙结合

151

北海见春亭入口山石“蹲配”

152

北海琼华岛梁柱式结构假山洞洞口

153

从紫翠房到环碧楼的山道

154

假山与环碧楼飞廊的巧妙结合

（本页图均为宫晓滨绘制）

是对称的。但由于建筑本身体量很小，其布置又以人工美从属于自然山景。其坐落在参差高低的台地上，山岩交拥，沟涧乱缠，山石既包镶于室外，又渗透于室内，似乎石脉穿墙，饶有自然之趣。按“南薰”喻长养之风，《礼乐记》谓“昔者舜作五弦之琴以歌南风”。《南风歌》曰：“南风之薰兮，可以解吾民之愠兮。南风之时兮，可以阜吾民之财兮。”其寓意仍是宣扬皇风扇被，因此建筑呈扇形，亦称扇面亭。若与类似的颐和园扬仁风的扇面殿相比，除了取居高迎爽之势以外，延南薰室内用山洞衔接，缘洞盘降而下即可外通。因山洞可抽送下面的

155
延南薰远景
（朱强／摄）

冷凉空气，似添薰风之情。加以室内陈设为石制，或稍凿磨，或纯任自然。石桌低伏，几案苍润，宛然仙居（图156）。像这样在室内置石掇山，北海还有“一房山”等处。

在延南薰侧旁宫墙根下还有山石结合排水的处理。山上地面降水汇至墙根下流出，出水口又以竖置山石加以屏障，令过往者看不到方形的通口。这是“嘉则收之，俗则屏之”的惯法。水自墙出以后并不径直而下，而是因水成涧，或宽或窄，几经回折，跌宕而下。其间又横跨小石梁（图157），涧壑中乱石嶙峋，有石挺若中流砥柱，山洪即分流下注。有石承接跌水，水落则飞溅喷雪，有的则似自山间崩落滚下，错落其间，几无人工痕迹。这条山涧既解决了排水的功能，又巧破山

156

157

156
北海延南薰
室内山石陈设
（宫晓滨／绘）

157
北海延南薰侧旁宫墙根
下山石结合排水的处理
（宫晓滨／绘）

腹使之具有虚实的对比。雨时因水成景，无水时亦似有深意。

第二组建筑自西麓进山，包括亩鉴室、酣古堂和写妙石室。前二者本身组成庭院，后者是单体建筑，二者上下相贯穿。亩鉴室和酣古堂从建筑平面处理来看很相近，都是垂花门接抄手叠落廊而抵主体建筑，但二者在置石和掇山方面又强调了本身的特征和变化。亩鉴室居低，由曲折的山石磴道引上。道口山石自然对置，高下俯仰，颇具呼应之势（图 158）。其上山路，右塞左通，自然地把人引向装修精巧的垂花门中。爬山廊间的天井中又有磴道可上，磴道顿置宛转，半隐半显地穿石而上。室外隔水池以峭壁为对景，峭壁处理为两个层次，前陡后缓，穿越而上即到酣古堂。酣古堂之西北及西南皆环堵以宫墙，酣古堂门口以山石做成“如意踏跺”和“蹲配”，起到了强调入口和点缀立面的作用。无论从西北或西南向步入，都可从不同角度收石景于洞门的框景内。西北洞门呈八方，自下仰视，洞门内灯窗嵌壁，石影嶙峋，层次丰富不穷，显然是《园冶》中论及的“收之圆窗，宛然镜游”的做法（图 159）。西南门形如古瓶，于修长的框景中展现出石景的侧影，则又是一番味道（图 160）。可见此山既有气势的雄伟，又有小巧、细腻的装点，是为浓淡相间，朴中寓巧之法。这对于空间性格的变化是重要的一环。两边是扁方形的天井，山石磴道却迎面敞开，于磴道侧面引余脉自然伸展成为一个花台，磴道前并散点山石相顾盼（图161）。这些山石布置在入口立面中都有入画之意。堂之东与石洞相倚，循洞而来则到写妙石室。室之南向石壁进逼，崎岖难上，而室之东楼有梯降至下层山洞。这段山洞的变化较多，忽广忽狭，似分又合，并且利用开辟不同形式的采光洞。一则采光通风，亦可借洞外望，所谓“罅堪窥管中之豹”“漏月招云”之法均不鲜见。此洞可通至盘岚精舍。

塔山北面假山在游览路线的组织方面也是成功的。由于整个景区的用地长于东西、短于南北，游览路线主要取东西向。山路的纵断面处理反复上下，即上中有下，下中有上。加以在相同方向的路线上，既有露天的山道，又有暗洞相通，在有限的空间内，无形中延展了游览路线。有些谷道的组合，似通又塞，塞极忽通。曲折盘旋，步移景异。所谓“路宜偏径”“路类张孩戏之猫”等假山盘道的布置理论，均可得到理论和实践相结合的印证。可惜后来山上水景不复存在，不少高大的浓荫古树相继死亡。目下之塔山北面虽掇山基本保持清代旧观，但由于植被大量死亡，荣卫的景象已不复存，远观则岩石裸露过多，枯而乏润。这是管理不善和人为破坏造成的。至于在修整山洞时，以整形的钢筋混凝土做台阶以代替磴道，以水泥墙支

158

北海亩鉴室前山石磴道

159

北海酣古堂西北之八方洞门

160

北海酣古堂西南之瓶形洞门

161

北海酣古堂山石磴道

（本页图均为宫晓滨绘制）

158

159

161

160

撑欲坍洞顶的做法，对于这样一个具有高超掇山水平的古典园林的代表作品而言是很不妥当的。

四、濠濮间和画舫斋的假山

北海东岸有两个自成格局的封闭景点，北为画舫斋，南即濠濮间，这一带的假山以土山为主。水从北海后门东端引入，穿过先蚕坛径直南来。画舫斋做曲尺形方池，以布置建筑为主。濠濮间则突出自然式景色，曲池细涧。以掘池所取之土就近筑山。这里的土山除了范围和分隔空间的作用之外，还与水、建筑、植物组合成多种景观。（图 **162**）

画舫斋的外围，特别是东北部及南部，与建筑墙垣结合有致，水乳交融。本来山和建筑都基本上起于平地，造园者却有意识地把二者很自然地交织在一起。画舫斋四周约有土山六座，其中有五座都与墙垣交叉组合，而且在交接方式上又多有变化。这样一来，仿佛是先有山林，后起建筑，增加了山居的野趣。特别是西北向垂花门里面，两面土山都伸入墙内而夹峙于曲径两旁。北山为大山之麓援引而下，西南小山则山头拱于墙内而山脚延伸墙外。墙之过山并不断然切割土山而破坏自然

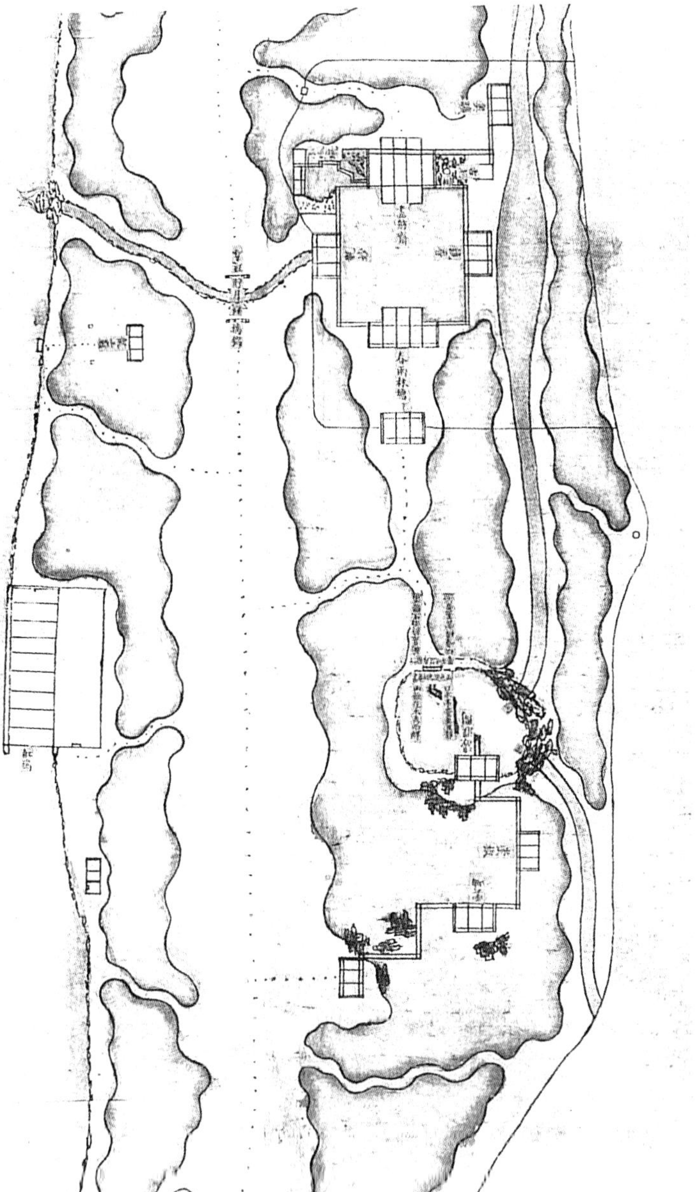

162

北海地盘图中的画舫斋与濠濮间（图片引自王其亨、王莉《中国古建筑测绘大系园林建筑—北海》）

163
古柯庭与唐槐
（朱强 / 摄）

山形，而是顺应山势起伏。南面入口处土山，东山冈阜陂陁，古木参天。西侧以山之一隅嵌入墙之内隅，使墙角平滞的线条得到自然的调剂与缓冲。画舫斋在土山与墙垣的组合方面是成功的，若与那些削平山头或砍断山脚再造建筑的处理方式相对照，优劣自分。

画舫斋东北的古柯庭（图 163），于小巧别致的建筑庭院中点缀以房山石。数人合抱的唐槐下部，以山石做自然式花台，花台向地面低伸则断续以散点山石。近廊处散点又兼作入口对景。古柯庭前东面长方洞门框景内又有石屏如长轴画卷，地锦贴石倒悬。可惜这些山石小品在翻修时不够注意，山石还是原来那几块，但组合的情趣大为减色。另外，这一带的土山常在基部以石为藩篱，翻修后亦不复旧观。再者，不知何时，在土山上竖了不少石笋。石笋和青石混用，风格很不协调，岂不知掇山最忌“刀山剑树”之喻。这些石笋如果布置在一个独立的画面中，与翠竹高下组合，则有以少胜多之效。

居于南面的濠濮间（图 164），是按庄子与惠子观鱼乐于濠濮上的典故为寓意布置的园中园，追求体现“清流、素练、绿岫、长林，好鸟枝头，游鱼波际”的意境。园中以水景为主，石景为辅，并于山间水际布置了一组建筑。（图 165）这里南北狭长，以山环水。其土山的体量、轮廓都经过精心安排。东、西两面以山夹池，东面土山紧贴园墙呈窄带状平伸。西面的土

164
濠濮间水面
（朱强 / 摄）

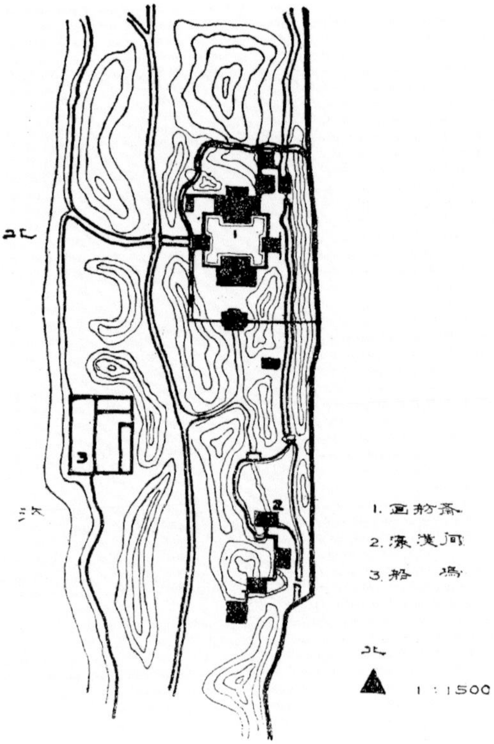

165
北海东岸画舫斋、濠濮间平面图
（孟兆祯／绘）

山显然是主要的，整个建筑组合主要围绕此山做文章。此山平面约呈马蹄形钳抱水池西岸。从竖向看，主峰盘踞南端，由南向北递降，拉出足够的距离以作范围以后，山势又复升起。这一方面可与其北面、东面的土山组成幽谷，引导北来游人入游，另一方面也减少了冬天西北风的侵袭。土山的主要任务还在于和建筑结合组成障景、对景。无论南来北往的游人，都要几经周折才得尽览美景。游人很自然地会顺着设计的路线和序列，很有层次地进入景区。土山在组织风景的“藏”与“露”方面起了重要的作用。早先于船坞东之门入，门内有廊，廊随山转，蹑山而上，至云岫室后，向北的视线为山所障而不得穷目。或从屋外循石阶东折转西，视线又被此峰东面所阻（图166），只得顺山边爬山廊下行，这才从廊之尽端柱间微露一方泓波，愈下则水景愈现，以至绕过此峰北面，才展现出水榭、石梁和水池组合以及绿岫、长林的胜景。这种“欲扬先抑”“欲露先藏”的手法是奏效的。无怪乎说：“景愈露愈浅，愈藏愈深。”如果没有此山为屏，则南北景色一览无余，又有何兴

166
北海濠濮间自云岫室向北看
（朱强／摄）

致？濠濮间前有联曰："月写个文疏映竹，山行之字曲通花。"如自北入园，则经幽谷几转才见此景。进则见水榭凭水，石梁斜跨，山石突兀。再从上述逆向南出，岂不又是一种味道。这里采用土山带石法布置土山，洞口部分则以掇石为主，石皆北京西部红山口所产青石。其中以进水和出水的两个洞口处理较好，按青石云片状节理做横向挑伸。洞若石崩陷而成，又有层次变化，颇合自然之理。然屡次修建后，大部分青石的细部都不够理想，有可远观之势，却少近览之质，算不得上品，是为美中不足之处。

五、静心斋的假山

北岸东端的静心斋的假山是可以和琼华岛北面的假山媲美的上品，却又在意境、性格和情趣方面迥异。如果说琼岛北假山主要以气势磅礴、雄伟、险奇、神幻见长的话，静心斋则以小巧、细腻、高雅和幽深、耐人寻味取胜了。静心斋在清乾隆御定的《日下旧闻考》中称为镜清斋，为皇太子读书之书斋。初步建成于乾隆二十三年（1758），后来添置居于园西北角的叠翠楼时仍保持原有的格局。由于园之主要功能是书斋，要求创造宁静、幽静的环境。《园冶》掇山篇书房山一节谓："书房中最宜者，更以山石为池，俯于窗下，似得濠濮间想。"成为本园所宗的要领。园中建筑也应琴、棋、书、画之情而设，诸如韵琴斋、抱素书屋、罨画轩之类，以创造俯流水、韵文琴、发文思和修身养性的恬静环境条件，也正基于这个原因，把这个园子作为北海的园中园处理，而且是山水结合的假山园（图 **167**）。

可是，从这块用地的内外环境和条件看，本不是十分理想。例如，北面紧贴喧闹的街市不利于宁静，用地南北进深很短。就北部园子来看，东西长约 110 米，而南北进深仅约 45 米。这对南北这个主要进深的方向是很不利的，还有就是借景的条件也差一些。因此，如何在闹中取静，如何扬长避短地克服南北进深之弊和争取借景，便成为本园布局成败的关键。创作静心斋的假山哲匠正是在这些方面显示了非凡的才华。首先是确立山水的骨架和结体。"镜清"的寓意要大面积的水面，水面又必须和假山相映成趣。按照"山脉之通按其水径，水道之达理其山形"的画理，此园总的地形趋势取西北高而向东南递降。这主要出于屏障北面的闹市和创造避风向阳的小气候条件，也鉴于水源北进南出的自然流向。近西北端假山做成汇水的溪沟，降水自沟下落形成一湾低沉幽庙的深潭。实际上水源自东入园，

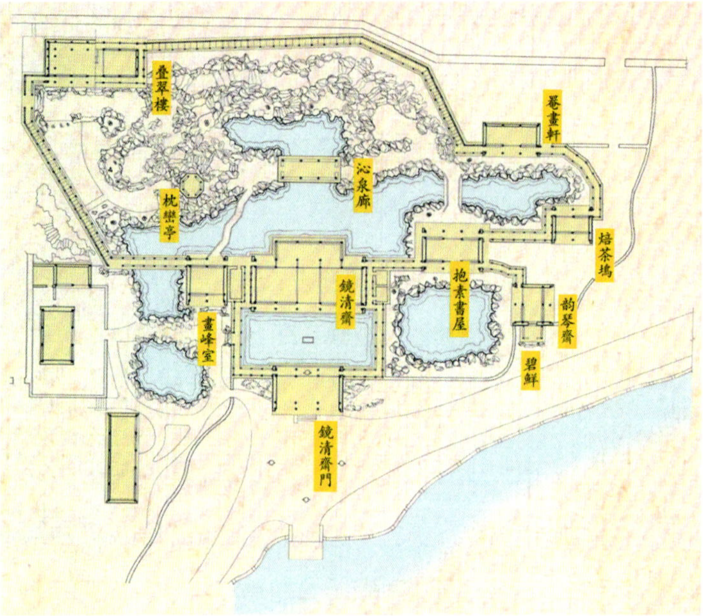

167
静心斋平面图
（图片引自北海保护规划）

似有泉出。潭在园之中部收缩为水口，并沿暗设之滚水坝跌落下来，由潭而扩展为池。山池最大限度地利用了用地东西纵长的条件，东西水面几乎延伸到园之东西尽头。一湾向东和山石陡岸组成“坞”的地貌作为“焙茶坞”的基址，另一湾向南伸入西跨院，整个水体形成三叉形伸展而富于水口的变化。斋之南院和东跨院亦以水池为中心，池间暗通，这样便形成以水环斋之势。而且溪、泉、池、沼的铺展都符合自然山水的规律。四个庭院的水体主次分明，性格各异。东跨院以散置山石绕池布置。在韵琴斋西门所对的墙隅和抱素书屋东面廊口进入东跨院视线的尽头做了对景处理，山石驳岸也有层次变化。

斋南院为长方形荷沼，沼中有石景立于水中。这方荷沼相当于四合院天井的一种变体，为从南大门的整齐对称布局过渡到北面自然山水布局做了一些铺垫。西跨院与北部主园仅一水廊之隔，院内以山石桥跨池，画峰室附近山石“踏跺”和“蹲配”处理得很别致。两个跨院的山石池的简练处理有利于突出北部山池的主景。

在选择假山组合单元的问题上作者是煞费苦心的。北面需要有高山屏障，但又不容许过多占据南北进深方向的空间。试想如果当初在北面堆一座密密实实的假山，必然因中部空间过于臃肿、闭塞而导致全局的失败。为了解决这个疑难，其北部选用了“环壁”和“幽谷”的组合。石壁取其高可为屏，在东西狭长的方向可以尽情伸展而又省于南北的进深。特别是壁上架廊又加高了屏障的高度，可是并不直接和外界接壤，在壁、廊外侧相距很近的地方又范围以厚而高的宫墙。于是来自北面的噪声大部分由宫墙反射出去，小部分越墙而过的噪声又遇环壁廊高阻而在墙与廊之间回荡，噪声量因受阻摩擦而大大削弱。加之园内浓荫蔽日，这就综合地克服了北面的喧哗。（图 **168**）即使现在置身其中，外面马路上汽车的机械声都很少能听见，何况以往。但是，北面的环境白天虽有喧哗，晚上却有万家灯火的夜景可借。所以廊之外侧皆有活动的窗户，开闭随意。对于书斋而言，此举成功地解决了闹中取静的功能要求。这种因狭长而用山石造环壁的手法和《园冶》中所阐述的造山理法是完全一致的。计成在“相地篇”中提出：“如方如圆，似偏似曲。如长弯而环壁，似偏阔以铺云。”此所谓“铺云”即指垒石掇山。可见这种因地制宜地选择假山组合单元何等重要。

外围既得屏障，园之内部就要在“幽”字上做文章。在假

168
北侧假山与爬山廊
（孟凡玉 / 摄）

山组合单元中，一般常用的峰、峦都难合“幽”的要求。幽含有虚空和恬静的气氛，而山体中之沟、谷、壑、洞最有利于抒发这种空间的性格。所谓“空山鸟语”“幽谷”“阴洞”，都是基于同一种自然依据。因此，本园大量采用沟、谷、壑、洞的组合绝不是偶然的。北缘既以壁环障，其南再加一层曲折起伏与之相应的峭壁便可夹峙于南北，蜿蜒于东西。开放使之稍广即成“壑”，收缩使之狭长则成“谷”。如自汉白玉罗锅桥北进山，穿过掩映的山口即如同进入深山大壑一般，由壑转谷，谷

升而又起洞。穿洞又进谷，加以山径上下，乔木森森，别有一番山林幽趣。尽西端居高下俯，石沟深坳无穷。更西则有潜伏的山洞。似这样以虚为主，以实为辅，以虚胜实的掇山法对书斋所要求的幽雅环境是很贴切而得体的。

南北的进深是宝贵的，但又不是绝对不能占据，这取决于得失的比较。如此山北面偏东有两个山洞。自南岸北望，两个山洞口都向南，洞中暗不可测，似乎往北面延伸下去了，从而增加了南北的纵深感。实际上这两个洞口是一个洞，而且洞的平面几乎呈“一”字形（图 **169**），只是两个洞口稍向南弯转了一点。以其占南北向一点空间进深的代价换取了扩大进深感的造景效果，何乐而不为？

这里的建筑也紧密配合了山水造型。建筑采用周边式布置，体形稍大者都偏于边角，为的是突出中部主要的空间布置山林。但这也不是绝对的。沁泉廊位置的经营就很成功（图 **170**）。《园冶》“相地篇”中还谈道：“卜筑贵从水面，立基先究源头。疏源之去由，察水之来历。临溪越地，虚阁堪支。”沁泉廊正是把“廊”和“泉”联系在一起的风景建筑。坐落在由潭至池收缩的水口上。东西两端越地而支，中部大部分架空。藏水坝于廊底，跌水潺潺有声。由于取“廊”之形体，建筑透空。不但没有堵塞之弊，反倒增加了南北向和其他几

169
“一”字形洞
（孟凡玉／摄）

个方向的层次。这样的处理基本上是成功的，至于建筑尺度是否就一定很合适还可以研究，但在与山水结合方面其位置经营是相宜的。

枕峦亭（图 171）是虚中有实的处理。它于低平的空间中突起，轮廓就特别突出。它的位置偏坐在西南隅，山的体量又很适中，既不与中心位置的景物争地位，又循“高方欲就亭台，低凹可开池沼”之理，有力地控制了西南隅的景物。枕峦亭下伏山洞，上辟亭台，凭高可远借北海南部的景色以弥补缺少借景的缺陷。此处下洞上亭的结构不同于一般。一般下洞上亭的做法是洞在亭下，亭、洞柱体相贯上下。这个亭子实际上坐落

170

171

在砖垛的基础上，外面镶以山石，洞在亭下面西侧绕过，洞门西口，石扉半开，别有意趣。

园之西部则为体量较大的洞与台的组合，外形大而内尤空。其洞在分支和洞口组合方面颇具变化，在分隔和组织西部空间方面起了重要作用。形成边廊、山石磴道和山洞三条路线几乎平行通达叠翠楼的罕有做法。自然式园路一般是忌平行的，但在此由于游览路线的空间性格不同，磴道是露天的，边廊是半露天的，山洞则是不见天的，使游者并无单调、重复之感，反倒延展了游览面积，扩大了游览空间。同理，沁泉廊以北的狭长地带，在仅20余米的进深中，利用东西向纵长的优越条件，平行地布置了三条路线。但高廊凌空，谷道潜藏，穿岛渡水，各有意趣。

叠翠楼是全园制高点。其东有山石室外楼梯盘旋而上，梯口山石又兼作西北边门的对景。梯下山洞上下三通，主体交叉，富于变化。

如此山水布局，确有很好的游览效果。自主体建筑静心斋北望，近处一池泓波，在沁泉廊后石壁环拱峭立，壁间前后层次丰富。平阔环视，壑谷隐现，峰峦起伏。自焙茶坞东廊西望，岩锅桥、沁泉廊、平水桥、枕峦亭、叠翠楼甚至园外以西的城墙间，在树木掩映中，参差高低，错落前后，深

170
沁泉廊
（朱强／摄）

171
枕峦亭
（朱强／摄）

感景物之丰厚。这就是说此园假山兼备平远、高远、深远“三远”之美。特别是最难处理的深远关系，却能做到使不够深远的南北向景深化为深远，使纵长方向本来就深远的景物更加深远，足见我国古代假山匠师运心之艰。开山匠师究竟何人，尚难考证。我原以为是张南垣之大作，或根据某些资料推测，由张南垣之子张然继父业所为。后来看到曹汛同志发表的《张南垣生卒年考》，方知张南垣大约卒于康熙八年（1669）至十三年（1674），而且张是否来过北京都无据可查。就是其子张然重葺瀛台也在康熙十九年（1680），与静心斋成山之日相差78年，亦不可能为张然之作。但这位无名哲匠的掇山技艺无疑是精湛的。

静心斋的假山均用房山石，叠翠楼后加的青石与原风格不协调，但用材基本统一。这个假山园布局合理，而且细部处理也很成功。门厅左右和韵琴斋墙外碧鲜亭附近的房山石散点把“踏跺”、“蹲配”和花台、壁山、建筑融为一体。分布高下，彼此顾盼，有逗引入游的效果（图172）。北院陡壁深壑循房山石自然之理加以掇合，既有气势的变化，又精于细部的质感处理，手段多而运用活。北面水池东西作“龟蛇相望”，为了保持大幅度挑伸山石的稳定，石下嵌以两米多长的铁梁为托垫却又不为一般视线所及。挑石后侧压以顽夯巨石以求后坚。外观

172
静心斋韵琴斋墙外
碧鲜亭
（朱强 / 摄）

上犹如整体山石，以结构适应造景，这些都说明此园假山远可观势，近可观质，掇山造诣至深。

纵观北海假山，历史悠久，规模宏大，结构合理，细部耐人寻味，更运用了“片山有致，寸石生情”，“有真为假，做假成真”的传统掇山手法，取得了多样统一的造景效果，是研究我国假山技艺，特别是清代掇山不可多得的实物。既是风景，更是文物，理当统一管理，妥善维修，把中国园林艺术的民族传统继承下来并且发扬光大。

6. 颐和园理水艺术

一、理水的目的性明确、综合而周全

颐和园的前身是清漪园，顾名思义，园以水景为特色，以水名园。此水有自然水资源的基础，但成园后经过人为加工的水景，较之原“瓮山泊”有非常明显的理水艺术效果，因精于综合开发利用，统一解决了防止山洪泛滥、漕运、蓄水灌溉、改善生态环境和创造优美景色的综合问题，统筹兼顾，一气呵成，达到了“人与天调，天人共荣”，“虽由人作，宛自天开”的最高艺术境界。

（一）预防山洪泛滥

水之于人，少不足用，多亦成灾。欲蓄水时就应考虑到如何有效排放洪水。《万寿山昆明湖记》谓："于是又虑夏秋汛涨或有疏虞者哉。"又说："夫河渠，国家之大事也。浮槽利涉灌田，使涨有受而旱无虞，其在导泄有方而潴蓄不匮乎。是不宜听其淤阏泛滥而不治。"北京西以太行为屏，山洪来时清漪园首当其冲。因此在玉泉山和万寿山间，开凿了养水湖、高水湖和两条排放山洪的河流。看来视治水为国家大事自古有之，当今亦然。

（二）提供漕运水源和农田灌溉等城市水利功能

《历代宅京记·卷十九·辽金元》："峙万寿山，浚太液池、派玉泉、通金水，萦畿带甸，负山饮河。壮哉帝居，择此天府。自古圣明容知，善于怡心养神。培本浚源，泛应万变而不穷者，未有易异乎此者也。"这说明帝京的繁荣是与治水密不可分的。作为五代都城的北京，在金代末期便开凿了从瓮山泊南下的人工水道，引玉泉山水经高梁河进入金中都以东的漕河。元代又在金代的基础上开辟漕运。金时水源为万寿山下的一亩泉，元时做了划时代的水源调整（图 173）。

元《郭守敬传》载："中都旧漕河东到通州，引玉泉山水以通舟，岁可省雇钱六万缗。""大都运粮河，不用一亩泉旧源，别引神山白浮泉水，西折而南。"历史上水运粮食到京都自此开始。因当时北京不产稻米，而水运价格较陆运便宜很多。元代开辟上游水源与闸河连接，忽必烈自蒙古回京，见积水潭上下帆船蔽水，大喜过望，即赐渠名为"通惠河"。可见漕运在当时的经济效益。而郭守敬则是此水的奠基人，我们要永远纪念这位伟大的哲匠。

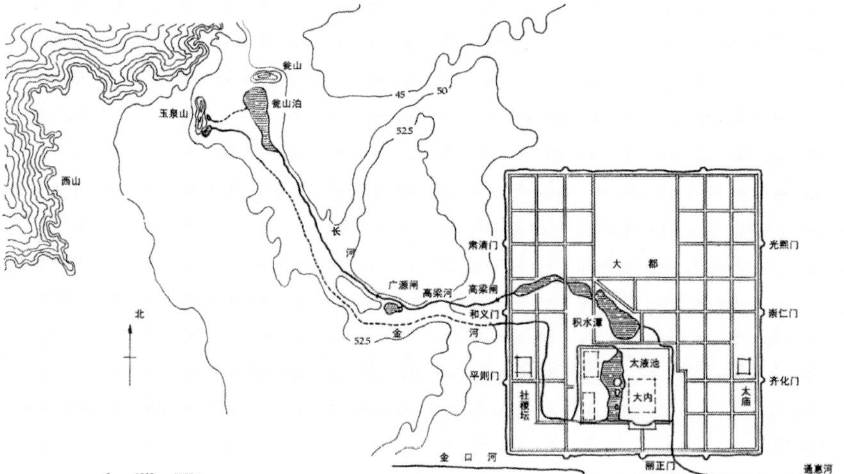

173
元大都水道示意图
（图片引自周维权《中国古典园林史（第二版）》）

（三）改善生态环境

北京地区不良的气候因素是干旱，尤以冬春为最，因此改善生态环境的重要因素之一是开辟水面。瓮山和瓮山泊一带（即万寿山、昆明湖前身）因水成景，柳树沿堤而生，早已自然形成观光自然风景的公共游览地，沿湖形成了“西湖十寺”。但园水面积有限，致使良好的生态作用难以尽可能完善地发挥。而建清漪园开辟昆明湖以后，“因命就瓮山泊前芟苇菱之丛杂，浚沙泥之隘塞，汇西湖之廓与深两倍于旧”。(《万寿山昆明湖记》) 乾隆为此赋诗，名曰《西海名之曰昆明湖而纪以诗》，可以反映昆明湖改善生态环境之一斑：

西海受水地，岁久颇泥淤。
疏浚命将作，内帑出余储。
乘冬农务暇，受值利贫夫。
蒇事未两月，居然肖具区。
春禽于以翔，夏潦于以潴。
昨从淀池来，水围征泽虞。
此诚近而便，可习佽非徒。
师古有前闻，锡命昆明湖。

正由于湖成以后，形成了鸟飞鱼跃、生意盎然的生态环境，所以在万寿山上正对湖面的山腰台地上设置了写秋轩一组建筑，而这个借以俯览湖景的台取名为“观生意”，说明当时对园林的生态效益已经有很深的认识。

（四）塑造园林艺术的水景空间形象

与人为艺术加工以前的瓮山泊相比较，清漪园的水体或借西山、玉泉山为背景，或以万寿山为构图中心，极尽理水之能事（图174）。前湖以聚水形成辽阔的水面，与万寿山、玉泉山、西山相映成趣，以蓄水库的巨浸表现了皇家园林宏大的气势和气派。后溪河（后湖）则以长河如绳的散水渲染了幽远的

174
北京颐和园和周围八旗兵营图
（美国国会图书馆藏）

水性，构成山水画中阔远以外的深远与迷远，使山水皆成“三远”之美感。前湖疏朗，后溪河迂回，以万寿山为分界形成北寂南喧的水景性格。远观有势，近览有质。初见昆明湖之气势给人一种惊叹、开怀的感受，继而使人流连，耐人寻味。游罢以后，令人不得不从心灵深处敬佩传统理水艺术的博大精深，并引以为荣。颐和园被批准为世界文化遗产绝不是偶然的。山水文化艺术的素质摆在那里，反映出中国传统写意自然山水园数千年的文化积淀。世界遗产委员会主席团对颐和园评审意见第一条就认为“北京的颐和园是对中国风景园林造园艺术的一种杰出展现，将人造景观与大自然和谐地融为一体”。用传统的话讲，“人与天调，天人共荣”，显示了中国文化总纲“天人合一”不可估量的蕴含。

二、理水的意匠

研今必习古，无古不成今。我们现在建设城市园林也必须讲究理水艺术，要从成功的实践中运用造园的基本理论去认识它，从热闹到门道逐渐深入地挖掘。从颐和园理水的个性寻求其指导性的理水共性理论。从实践到理论，从理论到实践，反复研究，螺旋上升。这对风景园林规划与设计学科是十分重要的。理水的意境可理解为理水的构思立意。

（一）疏源之去由，察水之来历

“疏源之去由，察水之来历”是计成在《园冶》中首先着眼的理法。我们所作之水或是独立的，或是城市水系的一部分，总是有个来龙去脉的。这就要查历史，从而筹划水源和通达何处。元代郭守敬、清代弘历及具体主持清漪园工程的人都必然进行了深入细致的调查研究工作。瓮山泊居西山余脉山麓，而且曾是永定河流经的一段洼地。地居高而成洼地，这便是选为城市蓄水库的条件。郭守敬经过古代的测量，了解到昌平神山白浮泉与瓮山泊的高程差。现在知道白浮泉海拔约为60米，而瓮山泊的进水高程约为48米，两地相距50里。即在50里坡长上分配这十几米高差。遵从“山不让土，水不择流”的常理，最大限度地争取北京北部燕山和西部太行山的地面径流纳入上游水源。绕过昌平南边的河谷低地，先取西向，收纳清河、沙河上游的来水。继而沿西山南行，从而尽纳西山山泉和分水岭东的降水，至玉泉山兼蓄从香山、樱桃沟等处流下的水，最后送入瓮山泊，和一亩泉汇合。这样便有效地扩大了流量（图175）。乾隆在疏浚瓮山泊以前，首先踏察并校碑作

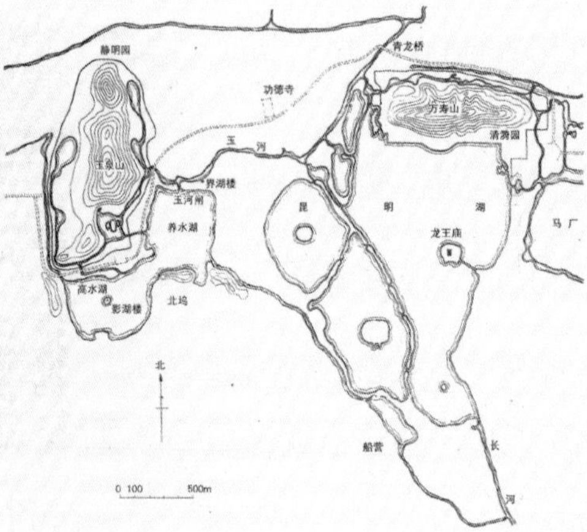

记。深谙瓮山泊在水系中的位置后，才能动手策划昆明湖水自何处来，流往何处去。后溪河的开辟，主要出于向东北输水给圆明园和灌溉北面农田的需要，而并不是单纯从造水景着眼的。精在结合水利建设造水景，一举数得，事半功倍。

175
静明园附近水道湖泊分布图
（图片引自周维权《中国古典园林史（第二版）》）

（二）理水意在手先，追求高雅的艺术境界

立意往往通过园名、景名、额题、楹联和摩崖石刻等来表现。中国有“名不正则言不顺，言不顺则事不成”的说法，在园林艺术中则要求达到“问名心晓”的水平。一般都是运用借景手法，凭借与园景相关的自然因子或人为因子确定园名和景名。乾隆三十年（1765）《清漪园即景》说：“山称万寿水清

漪，便以名园颇觉宜。”《雨后御园即景》提到“一篙春水涨清漪”。《节后万寿山清漪园即景》别开生面地说：“清漪全未放清漪，冰镜依然数顷波。”《万寿山清漪园示咏》又说：“山称万寿祝慈釐，园号清漪水德宜。山水之间勤帝治，智仁以寓荷大禧。”由此可见，清漪园塑造的意境既继承了“知者乐水，仁者乐山”的传统，祝愿慈母和帝业万寿无疆，又在澄澈如镜的水景立意方面有所发挥。大水比喻皇帝的恩泽，恩泽广为施布也就是皇恩浩荡。以清漪园象征清平不乱、明晰不混，皇帝如同明镜一样地体察庶民之情。现在东宫门外的牌坊，向东额题“涵虚”，向西额题“罨秀”，这便画龙点睛地点出了双含的意境。从现实的景物而言，“涵虚”告诉人们这园子有大面积水面，是座水景园。“罨秀”告诉人们这座园子里捕捉到突出的山景，是座自然山水园。中国传统文化讲究“托物言志”，因此还要从写意这方面了解借此说的什么志向。自称寡人的帝王才用“涵虚朗鉴”“镜影涵虚”标榜自我。说要像镜子一样明察秋毫，因水如镜故可因借。“罨秀”可理解为网罗突出的人才。只有君王有涵虚的心境，才会有贤臣为之辅弼。龙王庙的涵虚堂与万寿山互成对景，但涵虚堂以成景为辅、得景为主。所得之景即据堂可以捕捉到万寿山突出的山景。因此颐和园是典型的中国写意自然山水园。由于园主是帝王，这就决定了它皇家园林的风范。

（三）运用理水作为布局的主要手段，划分和组织山水空间

中国传统写意自然山水园之布局以山水为间架。鉴于万寿山是西山余脉，是真山，主要是如何借以运用的问题，而清漪园之理水便成为布局的主要因素了。山水地形是园的骨架，建筑、植物、山石、园路皆附生其上，因此在布局中占有显赫的地位。建筑如同乾隆总结的理论“因山构室，其趣恒佳”，是依附于地形地貌的。植物需要阴阳向背、干旱湿润的不同生态环境，也有待于山水间架和为地形起伏提供小气候环境条件。就是园路也相随山水而回转。因此理水要在宏观上、布局上有周密的策划，划分和组织山水空间。

前宫后苑和前宫后寝的传统布局形式，结合清漪园为圆明园属园的性质，决定了陆路宫门东向。包括东八所、西八所这样的后寝服务性用地都在山麓近宫的平地上。由水路入园则是从南向绣漪桥进入，从正向逐渐接触园景。

值得研究的是从瓮山泊到昆明湖的变化。1991 年 11 月 5 日颐和园翟小菊等两位有心于此的同志在清淤工程劳动中，经过仔细观察，终于发现了一段瓮山泊东堤的基址。东起新建宫门以西，向西南穿进十七孔桥自东数第七个桥洞与现有

南湖岛相连。又自南湖岛北码头西北约100米处，走向改为正西，行约400米，曲而向北。其方向正对石舫而消失于距岸边500米处。堤基址宽约6米，柏木桩间填碎石灰土。这一发现使我们可以进一步探索瓮山泊的规模。同时他们还发现了位于知春亭以北，乐寿堂以南“好山园”的基址，说明当时这一块是陆地。我们再从一些写景文章的描写便可大致画出瓮山泊的范围。

《山行杂记》：“西堤北岸长堤五六里。龙王庙居其中。”由此可知旧时龙王庙居北岸中部，坐北朝南。《帝京景物略》提到：“西堤行湖光中，至青龙桥湖则穷也。”这说明瓮山泊的北尽端在青龙桥南。又说“见西湖明如半月”，说明瓮山泊形状近似半月。宋彦《夏月行堤上》说：“内视平畴万顷，绿云扑地。外视波光十里，空浩际天。”又说：“步西堤右龙王庙，坐门阑望湖，湖修三倍于广，庙当其冲，得湖胜最全。”这说明龙王庙东北面是陆地，东南面是水面，而且龙王庙是瓮山泊的主要建筑，同时也说明了湖之长宽比例。结合其他诗中西湖周回十里之说，瓮山泊的平面轮廓可以想见（图**176**），并据此分析清漪园运用理水艺术划分水景空间的成就。

瓮山泊与瓮山在面阔方面比例失调，水与山的关系比较疏远，不能构成山水相映成趣的风景局面。山于土景设在湖北岸中部，当时的龙王庙是主景。而拓展为昆明湖后，除了保留龙王庙为南湖岛外，将龙王庙以北的陆地变为水面。山水相衔，几乎环山皆水。形成负阴抱阳、茳风聚气、山水相映成趣的山水格局。构图中心从龙王庙北移到万寿山和佛香阁。画论所谓“山因水活，水因山秀”的理论在三维空间中得到运用。利用拓展水面相对地使山前移而临湖，把山推出来了。另外，水一近山，山之秀丽令水增色，此实是使山水相得益彰的大手笔，而且是关键的一笔，是足以令人刮目相看的一盘棋。中国园林

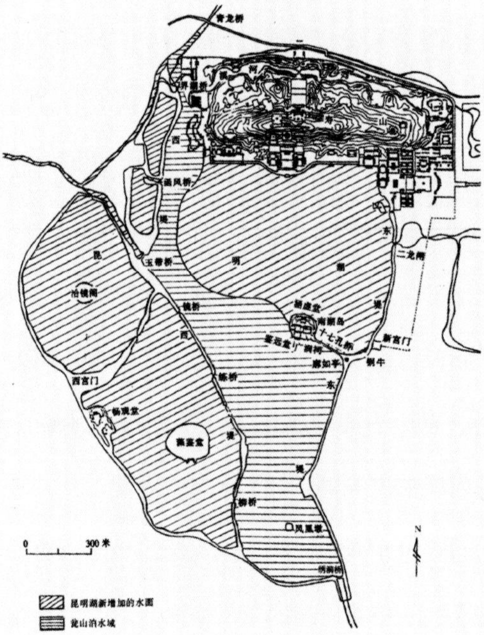

176
瓮山泊与昆明湖水域比较平面略图（孟兆祯改绘自颐和园平面图，周维权《中国古典园林史（第二版）》）

自文学和绘事而来。山水画讲究“胸中有山方许作水，胸中有水方许作山”。万寿山是天然即有的，而昆明湖则是在胸中有万寿山的前提下才做出来的水景。

规划昆明湖时大致也有个蓝本，公开的蓝本是杭州西湖，畅春园的复层水面结构也会有所启发。我们现在有些设计师只知道做单层水面，犹如脸盆一个，只是外形有线形的小变化。复层水面则必须是长堤纵横、岬屿出水、岛屿散点。特别是对于做蓄水库的大型水面，若仅仅是浩瀚，又有什么其他兴味？犹如绘画布局，大者不空乏，小者不堵塞。而昆明湖则是要化整为零，又能集零为整。前者是山水空间的分隔，后者是分隔以后的组织和联系，使宏观上有整体感，而微观上又有各景的变化。昆明湖首先是用大致呈南北走向的西堤将前湖划分为东西两部分。万寿山以南、龙王庙以北的东部宽广水面足以表现“聚则辽阔”的理水法。设想水面一直扩散到园之西界，旷远有余而深远不足。水景要以层次增加深远感。有了西堤的分隔则湖西景色从西堤柳岸时隐时现，不知园西界在何处，似乎把玉泉山也收纳进来了。由于园自东入，远观西堤横陈，六桥时有在望，形成入口的对景。一幅横墨的山水长卷，春夏秋冬、阴晴雨雾，自有其自然的变化供人欣赏。

其次便是保留原龙王庙成为全岛的形式，东接十七孔桥，桥端安置尺度很大的廓如亭，以岛、桥亭作为划分水景空间的手段，又将东湖划分为南北两部分。这首先是出于观赏视距着眼的。万寿山至昆明湖南端视距约为 1 ∶ 303，那万寿山就太渺小了。而把约距佛香阁 770 米处的水面半围合以后，视距比则约为 1 ∶ 12，从龙王庙观赏万寿山还可以保持独立端严的构图中心地位。这种水景空间的划分，一是围合昆明湖面阔之半，二是有虚有实的划分。灵活的划分，既有分隔，又在水景宏观上保持大湖面的整体效果，这也称得上是山水大手笔的区划。

这两大笔落纸之后，西堤以西的南北分割就相对容易解决一些。顺西宫门以堤分隔，堤中有桥贯通水面，南北均设湖心岛。治镜阁以层层团城像仙境，体量稍较南面的藻鉴堂小一些，因此水面并不是对等划分而是各得其所，北称西湖，南称养水湖。这样便自然地继承和发展了“一池三山”的皇家园林传统。有所发展之处在于不是生搬硬套，而是因地制宜。“一池三山”本有“一池五山”之说，即蓬莱、方丈、瀛洲、员峤、岱舆。昆明湖上有六个岛，但比较明显的是知春亭、龙王庙、治镜阁、藻鉴堂和凤凰墩五个岛。但这五岛中又给三座岛以突出的地位。并不因袭蓬莱等旧名，但主岛当数南湖岛龙王庙，以其位置显赫而当仁不让。藻鉴堂岛比龙王庙大，但位置较隐晦。也不能说南湖岛就是蓬莱岛，因为乾隆给治镜阁写了一个匾额“蓬莱烟霞”。足见师古而不泥古，因地设置，一法多式。此亦“一道长堤界两湖，三间高阁居中区。山光水色东西望，鱼跃鸟飞上下俱”的规划思想与艺术效果。

（四）仿中有创的艺术

北京颐和园的昆明湖是学杭州的西湖，从“桥学苏家湖堤，借得苏堤画意多”可知对此是直言不讳的。但学的效果却是仿中有创，总的情况是各有千秋，却似青出于蓝而胜于蓝。各因所处环境造景，异曲同工。

昆明湖虽不具备像杭州西湖那样三面湖山一面城的大山大水的形胜，但有两个基本条件据以学西湖的山水结构形制。一是西山为背景，二是万寿山孤巘傲立。西湖是真山真水，水自西北之灵隐来。“苏堤横亘白堤纵”和湖中三岛是人为的。贵在历经四个朝代，代代接力，共同完成这么一个风景艺术精品，创造了天人合一的瑰宝。白堤是唐代的，苏堤和小瀛洲是宋代的，湖心亭是明代的，阮公墩是清代完成的。虽历经四代却如出自一人之手，这种继承和发展传统的艺术造诣确实达到了炉火纯青的境界，体现了人杰地灵的特色。苏堤主要为解决西湖南北交通。因其西原有八桥，为使水流畅通，也在相应的位置安置六桥。西湖的山水结体可归结为：“三面环山，山中有湖。孤山中起，长堤纵横。三岛散点，主次分明。湖分内外，里外贯通。湖中有岛，岛中有湖。”昆明湖的尺度虽比西湖小，但万寿山之于昆明湖却比孤山之于西湖来得突出，在主山的构图中心统率全园的艺术效果胜过西湖。这也正是一个民间的风景区和帝王宫苑在意境和宏观方面的区别。清漪园基本上是真山假水，因昆明湖与瓮山泊差别甚巨。西堤在宏观上气势上远不如苏堤，它并不是为交通，主要为仿名景而设。西堤六桥除玉带桥外，并没有顺通水流的功能要求，却在造景方面发挥了很大的作用。苏堤六桥的微观效果不如西堤六桥那样精致入微，这就是仿中有创之所在。自北而南，柳桥（后易名界湖桥）、桑苎桥（后易名豳风桥）、玉带桥、镜桥、练桥、界湖桥（后易名柳桥），桥的材料、造型和色彩各具特色而浑然一体。玉带桥石券拱的曲线令人一见钟情而永生难忘。桥间尚有草亭、草房、敞亭和扇面房的点缀。更有甚者，还在堤上创此“拟岳阳应不让”的景明楼，实为仿苏堤的突破点，但也只有胸怀“普天之下莫非王土”和“括天下之胜，藏古今之奇”的皇家园林才敢这样做。加以清漪园的西湖和养水湖远比杭州西湖的西里湖为小，湖心“层层飞阁沼中央”的治镜阁，“松籁沸如鼎，荷香蒸作霞”的藻鉴堂春风啜茗台，“左俯昆明湖右玉泉”的畅观堂和园西“绘出耕雨肖东吴”的耕织图，都可以从中近距离游赏，堪称丰富多彩，应接不暇。

（五）局部理水析要

1. 前湖

从东门入园的游人，出仁寿殿西假山谷道，但见昆明湖开阔无边，万寿山金碧辉煌。（图 177）待要仔细端详万寿山景时又感到视角太偏而未尽如人意，想着要是在湖中有个落脚点观赏就好了，继而见有跨水接岛，自然来到知春亭，前感视点不理想的问题在此迎刃而解。这也就是知春亭在造景方面的主要功能。知春亭岛是以得景为主，成景为辅。在近东岸的湖边

177
颐和园万寿山昆明湖全景
（图片引自清华大学建筑学院《颐和园》）

让人进入湖上，从合宜的观赏角度和视距来观赏万寿山。因此在这里拍摄万寿山的人和以万寿山为背景留影的人就很多。实践证明，这是合乎游赏心理的设计、聪明的设计、明智的设计。在清代的图纸上，这里标注的名称是“智春亭”。古文字“知”即“智”。但在现代用这两个字就不一样了。从“智者乐水”的哲理来看水中之亭宜称“智春亭”。一些人从知春亭得出“春江水暖鸭先知”的诗意和意境，就成问题了。从成景方面看，知春亭作为水边亭岛形成的风景层次，无论对观赏万寿山、西堤、龙王庙和文昌阁都有层次丰富之感。一桥引两岛的组合也是成功之作。

前文曾提及龙王庙及西堤，从它们的线形设计而言也是值得赞许的。就南湖岛而言是保留原东堤上的龙王庙，十七孔桥是由文昌阁以南的东堤到新宫门后由东而西呈圆弧形弯转，桥心线也呈由东南而西北的走向，与岛相连接后共同组成曲棍形的曲线，曲线内向的分角线正好穿过佛香阁。所谓“主山最宜高耸，客山须是奔趋”的呼应关系就很明显了，这也是处理南湖岛最理想的线形。至于西堤从西北向东南逶迤，和东堤相应收放，至南端向东收而接绣漪桥。这样水路入园，由小渐大，南湖岛形成横向层次分隔以避免冗长之弊。自万寿山南望则北宽南狭，无形中增加了透视的深远感。而且湖南端东折，使人有莫穷之感，看不到水的尽头。

2. 后溪河

颐和园现在的后湖在清漪园时期称后溪河（图 178）。因为它是长河如绳的水系型，由两条山溪汇入一条长河组成，故名。从功能方面上讲，它主要是向东北方向输水给圆明园和灌溉园北的农田，同时也成为万寿山后山的排放水体。从理水艺术看，它以“山因水活”的理法弥补了万寿山深远不足的缺点。就山之“三远”而言，万寿山长于平远，具有高远而乏深远。除了在前山运用建筑群布置增加层次和深远感以外，主要就是利用开辟后溪河将万寿山平远的优势通过水从南北向转为东西向而构成深远的山水景。深邃、幽静、曲折、迂回的后溪河成功的关键在于依据真山造假山、假水，在深研自然的基础上发挥了巧夺天工的艺术创造力（图 179）。这就是《园冶》中总结的真谛“有真为假，做假成真”，只有这样才能达到“虽由人作，宛自天开”的艺术境界。

起：后溪河起于半壁桥西，水流自南向北而转东，所以这段水流向北凹进，而半壁桥安置在水面收缩之处以减少桥之跨度。

承：半壁桥至“看云起时”这一段，其走向完全依顺万

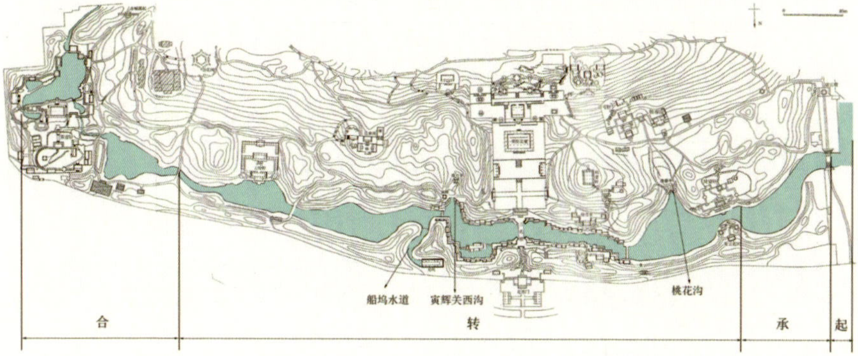

寿山西北山麓之走势，北岸筑土山也是顺应真山之势，做到了“水随山转”。而水面之收放是自半壁桥收缩后又随山势放开，至“看云起时”，夹岸陡坡、峭石将水面收缩到后溪河断面最小的所在。因为下一段要放到后溪河最广阔的水面，欲扬先抑，以最大限度的“抑”为最大限度的“放”设下伏笔，从而加强

178
清漪园后山后湖全景复原图
（图片引自清华大学建筑学院《颐和园》）

179
颐和园后溪河“起—承—转—合”分析图
（图片改绘自清华大学建筑学院《颐和园》）

了空间从郁闭到疏朗的性格对比变化的强度。

转：从“看云起时”至后溪河东尽端都是“转”的水域。为什么选择“看云起时”以东为水面最广阔的所在呢？实乃天造，并非人设，只是人顺从天意而设。因为这里处于万寿山西边的一条大山谷，降雨时山洪汇流宣泄，需要大水面来接纳。由于桃花沟自南而北泄水，故向北的水口呈喇叭形，肖似天然冲积扇。这说明后溪河的水面轮廓完全是“人与天调”的结果而不是人为故意造出来的。因此能适应山洪下泄的冲刷，通过喇叭口逐渐消磨水的冲力，这段水面借此而扩大空间。至于桃花沟和出水口的假山处理，那只是锦上添花的点缀。山水素质好，点缀效果就强。

既已扩散，复又收缩。以下一段自“嘉荫轩”至“寅辉”关谷口。这一段因原地为天然岩石，因挖掘费工而采取收缩之策，并借以作为苏州街的水乡景色。北宫门轴线上之三孔桥跨空而过处也有适当的收缩。再往东又要放一下，因为这里又是万寿山后山东面一条山溪出口，山洪要由此宣泄。既已做桃花沟喇叭口，这里就不宜做雷同处理而要另辟蹊径。谷口内起假山有如画意以组织山溪出谷。谷口以小喇叭口导水北走，做小港，设长岛居港中，令水流成环。山洪随环缓流，同样达到消减水冲力的目的，而在景观自成双桥连长岛的曲港变化。

3. 霁清轩与谐趣园

霁清轩与谐趣园为颐和园万寿山东麓的两个有联系的园中园，也是后溪河理水章法的最后一个环节，经过起、承、转以后的“合”，也就是后溪河文章的一个句号和了结。二园一大一小、主次分明。霁清轩约为谐趣园面积之半。就地形高差而言，前者高低相差约为五米，且为大面积石嶂呈陡坡下降的裸岩；后者则高低相差仅一米多而且裸岩呈缓坡下降。两者都建于清漪园时期。霁清轩因高借远，建轩于嶂顶以得“向北堪骋望，绿云迷万顷”之农稼时景。霁清轩之清琴峡顺后溪河东延，取东西向，长且少曲。谐趣园之玉琴峡则东延南转而呈南北向。造景虽同是借水音，但霁清轩的水居高下滑，气势雄奇、手法简练而气魄宏大，在封闭中有旷观。是否由于水自高处下滑，落潭溅出水雾粒径恰易成虹就缺乏科学的依据了。但乾隆却是刻意创造这种水景的特色。弘历《御制诗》有云：

快雨还欣值快晴，轻舻容与泛昆明。
舍舟登岸聊延步，恰喜山轩号霁清。

除此外，春雨后、雪后皆有咏。雪后咏曰：

雪后天色澄，霁清真霁清。

北山几千叠，一律玉崚嶒。

浮来寒气嫩，铺出润泽平。

凭轩聊纵目，徙倚堪怡情。

谐趣园在清漪园时期名惠山园，是肖无锡惠山寄畅园之意建的。《日下旧闻考》载："喜其幽致，携图以归，肖其意于万寿山东麓。""仿"与"肖其意"是有明显的差别的，"肖"的大意是类似、相似，但特指惟妙惟肖。论环境，谐趣园不具备惠山那样大的山借以为对景，也没有九龙峰作为真山的背景。就水资源而言，也没有惠山那样好的天然泉源可引，但基本具备万寿山东麓和近两米高差的引水条件，这一点是不如寄畅园的。但自然裸露岩石的资源，却是寄畅园没有的。肖其意的关键在于肖寄畅园八音涧之意塑了玉琴峡，二者都凭借山水清音的水乐造景奏效。寄畅园有泉无山，因此采用人工筑山与掇山结合，高差也就一米多，但山涧的进深大。由石罅引泉入高潭，暗流转为明流，跌水入深邃的长石潭，继而横折置汀石可渡。至对面山脚沿边时暗时明，再跨到相对之山脚与石桥结合穿桥入湖。借水自高分级跌落的水音，借景为八音涧，自是水石妙品。谐趣园则充分利用了裸岩的自然条件，不完全采用掇石为山，而是以凿山成涧为主，并以凿下之石再加一些外来山石掇山为辅。自后溪河引水至小桥下设闸，闸尺度小而隐于桥下故不显。东引南转后，几经回折而下，将小跌水、石坡滑水和小湍濑融为石峡山涧的一体。利用高出地面的天然裸岩作“玉琴峡”摩崖石刻。山涧上空松柏交翠，岸边紫藤蔓垂，故又于石镌“松风”“萝月”。再从廊下入池。人与天调，生意盎然。我曾告诫以水壶接涧水欲饮“山泉”的小朋友，此水可嬉而不可饮，足见此理水之作达到了“有真为假，做假成真”的至高境界。夏日林木荫翳，清风习习。置身其中，叹服第二自然创造者巧夺天工之妙，堪称“臆绝灵奇”。

穿廊南引的山涧，过廊后成溪流形式入池。谐趣园涵远堂南北轴线明显而东西向也有相对应而不拘于轴线处理的终端建筑布置。曲尺形水池恰能结合这种水院园林建筑的布置。循轴出台，参着出水，加以东南角以知鱼石梁分割，使池面完整而又具有变化。水流进口与出口在同一直线的水流线上，使其保持畅通无阻。沿池环廊游览，可得多处深远景观，尤以入宫门后向东北园亭眺望最为深邃，建筑群外土山合抱，松柏葱茏。池中夏荷如红衣新浴，时而蛙鸣几声。可以说不仅兼具水景阔远、深远、迷远之“三远”，而且山、水、石、树与园林建筑融为一体，生气勃勃。

图书在版编目（CIP）数据

中国园林精粹 / 孟兆祯著 . -- 北京 : 北京出版社 , 2023.6
ISBN 978-7-200-17334-5

Ⅰ . ①中⋯ Ⅱ . ①孟⋯ Ⅲ . ①古典园林－园林艺术－中国－文集 Ⅳ . ① TU986.62-53

中国版本图书馆 CIP 数据核字 (2022) 第 134410 号

策 划 人：王忠波　　责任编辑：王忠波　吴剑文
文字编辑：高　媛　　责任印制：陈冬梅
责任营销：猫　娘　　装帧设计：吉　辰
辑封摄影：底津生

中国园林精粹
ZHONGGUO YUANLIN JINGCUI
孟兆祯　著

出　　版　北京出版集团
　　　　　北京出版社
地　　址　北京北三环中路 6 号
邮　　编　100120
网　　址　www.bph.com.cn
发　　行　北京伦洋图书出版有限公司
印　　刷　北京华联印刷有限公司
经　　销　新华书店
开　　本　787 毫米 ×1092 毫米　1/16
印　　张　20.5
字　　数　175 千字
版　　次　2023 年 6 月第 1 版
印　　次　2023 年 6 月第 1 次印刷
书　　号　ISBN 978-7-200-17334-5
定　　价　128.00 元

如有印装质量问题，由本社负责调换
质量监督电话 010-58572393

出版说明

“大家艺述”多是一代大家的经典著作，在还属于手抄的著述年代里，每个字都是经过作者精琢细磨之后所拣选的。为尊重作者写作习惯和遣词风格、尊重语言文字自身发展流变的规律，为读者提供一个可靠的版本，“大家艺述”对于已经经典化的作品不进行现代汉语的规范化处理。

特此说明。

北京出版社

大家艺述

· 曹　汛：中国造园艺术

· 汪菊渊：吞山怀谷——中国山水园林艺术

· 孟兆祯：中国园林理法

· 孟兆祯：中国园林鉴赏

· 孟兆祯：中国园林精粹

· 唐寰澄：桥梁的故事

· 唐寰澄：桥之魅——如何欣赏一座桥

· 唐寰澄：世界桥梁趣谈

· 王树村：民间美术与民俗

· 王树村：民间年画十讲

· 周维权：园林的意境

· 周维权：万方安和——皇家园林的故事

· 罗哲文：天工人巧——中国古园林六讲

· 陈师曾：中国绘画史（插图版）

· 罗小未：现代建筑奠基人

· 吴焕加：现代建筑的故事

· 吕凤子：中国画法研究

· 黄宾虹：宾虹论画

· 王树村：中国民间美术史（修订版）

· Valery Garrett：中国服饰——从清代到现代